NOTIONS ÉLÉMENTAIRES

ET MÉTHODIQUES

D'AGRICULTURE

D'HORTICULTURE ET D'ARBORICULTURE

NOTIONS ÉLÉMENTAIRES

ET MÉTHODIQUES

D'AGRICULTURE

D'HORTICULTURE ET D'ARBORICULTURE

contenant 76 figures insérées dans le texte, rédigées conformément aux nouveaux programmes officiels

Par O. PAVETTE

INSPECTEUR PRIMAIRE, OFFICIER D'ACADÉMIE, CHEVALIER DU MÉRITE AGRICOLE
ANCIEN INSTITUTEUR, LAURÉAT DU MINISTÈRE DE L'AGRICULTURE
DE L'EXPOSITION UNIVERSELLE DE 1889, DE LA SOCIÉTÉ D'ENCOURAGEMENT AU BIEN
DES CONCOURS RÉGIONAUX AGRICOLES, ETC.

COURS MOYEN ET SUPÉRIEUR

PRÉPARATION AU CERTIFICAT D'ÉTUDES PRIMAIRES

L'agriculture est une science que tout
cultivateur devrait avoir étudiée.

HUITIÈME ÉDITION

REVUE ET AUGMENTÉE DE 22 SUJETS DE RÉDACTION
POUR LE CERTIFICAT D'ÉTUDES

PARIS

LIBRAIRIE CLASSIQUE EUGÈNE BELIN

BELIN FRÈRES

RUE DE VAUGIRARD, 52

1893

Tout exemplaire de cet ouvrage, non revêtu de notre griffe, sera réputé contrefait.

PRÉFACE

Notre pays traverse depuis quelques années une crise agricole qui préoccupe tous ceux qu'intéresse la prospérité de notre belle France.

Le Parlement a voté des lois pour l'organisation de l'enseignement agricole et a relevé, quelque temps après, les droits d'importation, sur les blés étrangers notamment; M. le Ministre de l'Instruction publique a institué des prix spéciaux en faveur des instituteurs et institutrices qui donnent cet enseignement; les conseils généraux font des sacrifices dans le même but : ils créent des écoles pratiques et des fermes-écoles, établissent des champs d'expériences ou d'essais, etc. Ainsi, celui de la Haute-Saône a fondé des bourses à l'école pratique d'agriculture du département pour les élèves-maîtres sortant de l'école normale; celui de la Vienne vote, chaque année, une somme de 1000 francs, destinée à récompenser les instituteurs qui ont donné l'enseignement agricole d'une manière satisfaisante. Enfin, des syndicats d'agriculteurs se sont formés dans plusieurs départements, où ils rendent beaucoup de services; de plus, les professeurs départementaux d'agriculture font de très utiles conférences publiques, auxquelles les cultivateurs devraient tous assister.

Tous ces efforts, toutes ces créations, montrent l'importance du but qu'il faut absolument atteindre, si nous voulons que notre agriculture puisse lutter avantageusement contre la concurrence étrangère; ils contribueront certainement à l'amélioration de la situation actuelle; mais ces moyens suffisent-ils? Je n'hésite pas à dire que non. Il y a autre chose à faire.

D'où provient, en effet, le mal dont nous souffrons? Surtout de ce que, par suite de la facilité et de la multiplicité des moyens de transport, le marché agricole est devenu universel. Il en résulte que le prix du blé a diminué dans une proportion telle, que, les frais d'exploitation restant les mêmes et le rendement de l'hectare n'ayant pas sensiblement augmenté, le petit cultivateur français ne réalise plus un bénéfice suffisant : à vrai dire, il végète et se trouve dans une situation gênée qui menace de s'aggraver. Il faut donc, étant données les conditions dans lesquelles il est placé, augmenter le produit de l'hectare tout en ne dépensant pas davantage. La question paraît bien simple : il n'y a que cela à faire, mais la difficulté, c'est d'y arriver. Et cependant, tout est là. Mais alors, comment se fait-il que les cultivateurs n'emploient pas les moyens nécessaires pour obtenir cette augmentation? C'est qu'ils ne les connaissent pas. Quels sont donc ces moyens?

Ils ne sont pas nombreux, et je n'indiquerai que les plus importants, les plus pratiques, qui sont susceptibles de donner des résultats à brève échéance : ils sont au nombre de deux seulement.

Le premier concerne les engrais ; le deuxième, le choix des semences : ces deux moyens combinés sont de nature à transformer complètement l'agriculture.

EMPLOI DES ENGRAIS

Il y a des départements, dans le nord de la France, où tous les engrais, de quelque nature qu'ils soient, sont soigneusement recueillis et utilisés : aussi ces départements récoltent de 25 à 30 hectolitres de blé par hectare. Ailleurs, la moyenne est de 15 à 16 hectolitres : il y a encore trop de fermes où le *purin* (la partie la plus précieuse du fumier) se perd, soit qu'il s'en aille dans les fossés qui bordent la route, soit qu'il se rende dans la fosse où s'abreuvent les bestiaux, qu'il empoisonne. Eh bien ! n'est-il pas facile de faire comprendre aux enfants que, dans le fumier, ce n'est pas la paille qui nourrit la plante, mais bien le *purin ?* Aujourd'hui que les éléments des sciences physiques et naturelles sont enseignés partout, il est peu d'élèves qui quittent l'école sans savoir que la plante a des racines qui puisent dans le sol la nourriture qui lui est nécessaire. Quoi de plus simple que de rendre cette vérité sensible au moyen d'une petite expérience ? On prend une carafe, ou une bouteille, que l'on emplit d'eau et dans laquelle on jette une pincée de guano ou de tout autre engrais ; on met, à la surface de l'eau, un peu de mousse sur laquelle on place un bulbe quelconque (jacinthe, ail, etc.). Au bout d'un certain temps, on voit les racines s'enfoncer dans l'eau, et la tige se développer ; il est facile de faire constater que c'est l'eau, chargée des principes qu'elle a dissous, qui a nourri la plante en traversant les petits canaux ou tubes qui se trouvent dans les racines, et que ce phénomène est analogue à celui qui se produit dans la terre pour tous les végétaux.

L'utilité du purin étant ainsi démontrée, il s'agit de le recueillir : ce n'est pas difficile. Il suffit de creuser, auprès des étables et de la fosse à fumier, une citerne étanche dans laquelle se rendra le purin. Même en utilisant le purin, le cultivateur ne produit pas encore assez d'engrais ; il est obligé d'en acheter, qu'il paye très cher et qui, souvent, sont falsifiés : de là, la nécessité de les faire analyser et de les acheter avec garantie, d'après la proportion d'azote, ou de potasse, ou d'acide phosphorique, qu'ils renferment. Ceci ne suffit pas encore : il faut que l'agriculteur sache quelle nature d'engrais exige telle ou telle terre. Il y a un moyen peu coûteux à employer : c'est de consacrer une parcelle de chaque terrain à des essais, en la divisant en plusieurs carrés que l'on fume avec des engrais différents ; la récolte fait connaître, de même que l'analyse des terres, celui qui manque à chacun des terrains où l'expérience a été faite. Les résultats parleront d'eux-mêmes et sembleront dire : ici, il faut un engrais azoté ; là, un engrais phosphaté ; ailleurs, un engrais potassique, etc.

CHOIX DES SEMENCES

Il est facile de se rendre compte, par des chiffres, de l'importance de cette question. Dans un hectare ensemencé en blé, il y a environ 3 millions d'épis contenant chacun de 10 à 30 grains en moyenne. Que, par un procédé très simple, on obtienne seulement, par épi, cinq ou six grains de plus ; cela fera une augmentation de 18 millions de grains par hectare. Comme il faut à peu près 2 millions et demi de grains pour faire un hectolitre, cela donnera 7 hectolitres de plus par hectare. On parle quelquefois de l'éloquence des chiffres : je crois que ceux-ci sont de nature à convaincre les cultivateurs les plus routiniers. Mais quel procédé faut-il employer ? Le voici : D'après une loi naturelle incontestable, les grains provenant de petits épis donnent de petits épis, de même que ceux qui sont fournis par de beaux épis produisent de beaux épis : il suffit donc de choisir, au moment de la moisson, les plus beaux épis, sur les tiges les plus droites et ayant le mieux tallé, dans un carré où on a laissé le blé mûrir davantage ; on peut couper les extrémités de chaque épi, attendu que les grains y sont moins gros. Avec une centaine d'épis ainsi choisis, on obtiendra, l'année suivante, de quoi ensemencer une étendue considérable.

Si ce procédé était suivi dans tous les départements, comme il y a plus de 7 millions d'hectares cultivés en blé, cela ferait, en plus, 50 millions d'hectolitres ; la récolte annuelle étant de 100 millions d'hectolitres, on augmenterait ainsi la production de moitié. Est-ce possible! dira-t-on : les chiffres viennent de le montrer. Comment se fait-il donc que tous les cultivateurs n'emploient pas ce procédé si simple et si lucratif? Parce qu'ils ne le connaissent pas.

Et c'est pour cela que je me suis décidé à publier ce petit livre, afin d'appeler sur ces importantes questions l'attention de tous ceux qui s'intéressent à la prospérité de notre agriculture.

On a calculé qu'il suffirait de faire produire à l'hectare à peine 2 hectolitres en plus pour que la France pût se suffire à elle-même; de telle sorte que, si on augmentait de 7 hectolitres le rendement de l'hectare par le procédé relatif au choix des semences, notre pays deviendrait exportateur de blé au lieu d'être importateur.

Cette augmentation de 7 hectolitres par hectare représente une augmentation de revenu net de plus de 100 francs par hectare, même en mettant l'hectolitre de blé au plus bas prix : 15 francs ($15^{fr} \times 7 = 105^{fr}$). En multipliant cette somme par les 7 millions d'hectares ensemencés en blé, on aura un accroissement de notre richesse agricole de plus de 700 millions de francs!

Je ne parle pas de la culture de ces nouvelles variétés de blé très productives qui, dans certaines conditions de terrain et de climat, donnent jusqu'à 40 hectolitres par hectare, car elles ne s'acclimatent pas indifféremment dans tous les départements, et l'on pourrait s'exposer, en les recommandant, à des mécomptes fâcheux; tandis qu'avec le procédé du *choix des semences*, qui est infaillible, on est sûr d'arriver toujours à de bons résultats, en opérant sur les blés du pays.

On pourrait aussi obtenir une augmentation de rendement dans le poids du grain en choisissant, parmi les épis les plus beaux, les grains les plus gros et les mieux conformés. On les sèmè, en les espaçant, dans un terrain bien préparé. On choisit encore, dans la récolte qui en provient, les grains les plus beaux et les plus lourds. Des essais ont déjà été faits, en très petit nombre il est vrai, avec les blés du pays, et ils ont donné des résultats tout à fait satisfaisants. Avec des grains de blé pesant chacun $0^{gr},05$ on a obtenu, la première année, des grains pesant $0^{gr},065$, près de $0^{gr},07$. Nul doute qu'on n'arrive ainsi à augmenter de moitié le poids du blé. De telle sorte qu'avec ces deux procédés combinés, on parviendrait tout simplement à ce résultat merveilleux, mais parfaitement exact, de *doubler* le rendement actuel.

MÉTHODE A SUIVRE

Ce petit traité, que j'avais rédigé pour mes élèves, et que j'ai expérimenté avec succès pendant plus de dix ans, renferme, au point de vue de la méthode, une innovation importante. Les leçons, en général très courtes (mais dont quelques-unes peuvent être divisées en deux parties), sont précédées d'un sommaire assez étendu, dans lequel les questions à examiner sont indiquées par un numéro qui correspond aux développements de la leçon. On écrit au tableau ce sommaire numéroté, que les élèves copient et qu'ils développent en suivant l'ordre indiqué par les numéros, qu'ils reproduisent également ; cette disposition facilite considérablement leur tâche, dont elle assure la régularité. Ces leçons peuvent être données en dictées, et même servir de livre de lecture courante.

Lorsqu'il s'agira d'une question importante, comme les labours, l'emploi des engrais, la greffe, etc., les élèves pourront rédiger la leçon sur une feuille volante, qui sera corrigée, et recopiée ensuite sur le cahier.

Je crois qu'il est très utile que chaque élève (dans la première division) ait un cahier spécial d'agriculture, qu'il conservera et consultera plus tard. Quoique l'emploi du cahier unique soit recommandé, il pourrait être fait exception en faveur du cahier d'agriculture, dont M. l'Inspecteur d'académie de la Vienne a autorisé la tenue dans les écoles.

Je n'ai pas besoin de dire combien il serait avantageux de joindre la pratique à la théorie. Quand on a un jardin, et il y en a presque partout, il est bon de tailler, en présence des élèves, les arbres fruitiers et les treilles qui s'y trouvent. On peut même réserver une petite parcelle de terrain, lorsque le jardin est assez grand, pour y planter des sauvageons que les élèves auront apportés, qu'on leur apprendra à greffer avec de bonnes espèces, et qu'ils emporteront ensuite pour les planter chez eux.

On peut également propager les meilleures variétés de légumes.

Quelques promenades scolaires, faites au point de vue agricole, la visite d'une ferme bien tenue, sont encore d'excellents moyens pour donner aux élèves de saines notions sur les choses agricoles.

L'agriculture à l'examen
du certificat d'études primaires, à titre obligatoire.

Je disais, en 1889, lors de la première édition de ce livre :

« L'enseignement agricole a une telle importance que l'arrêté du 29 décembre 1888 a introduit une épreuve d'agriculture dans les examens du brevet élémentaire, et que l'arrêté du 24 juillet 1888, relatif à la nouvelle réglementation de l'examen du certificat d'études primaires élémentaires, a maintenu l'agriculture comme matière complémentaire sur laquelle le candidat peut demander à être interrogé, et dont il sera fait mention sur le certificat d'études, s'il a obtenu au moins la note 5. »

Ce n'est plus comme matière complémentaire que l'agriculture figure maintenant à cet examen : l'arrêté du 29 décembre 1891 l'a mise au nombre des épreuves écrites, et ce n'en est pas la moins importante.

Cet arrêté porte, en effet, que :

« Les épreuves écrites comprennent :
» 1° . . . .
» 2° . . . .
» 3° *Une rédaction d'un genre simple portant,*
» *suivant un choix à faire par l'Inspecteur d'aca-*
» *démie, sur l'un des trois ordres de sujets ci-des-*
» *sous : 1° l'instruction morale ou civique; 2° l'his-*
» *toire et la géographie; 3° des notions élémentaires*
» *de sciences avec leurs applications* **à l'agricul-**
» **ture** *et à l'hygiène.* »

Il en résulte que l'enseignement agricole prend une importance considérable à l'école, où il aura une place prépondérante, car il passe en quelque sorte du dernier rang au premier.

J'ai exposé dans un autre ouvrage[1], qui vient de paraître, comment on peut appliquer l'enseignement scientifique à l'hygiène et **à l'agriculture** : ces deux livres se complètent l'un l'autre.

O. PAVETTE.

Août 1892.

---

[1]. *Notions élémentaires de sciences*, avec leurs applications à l'agriculture et à l'hygiène, à l'usage des écoles primaires de garçons et de filles. Cours moyen et supérieur. (Arrêté du 29 décembre 1891 relatif à l'examen du certificat d'études primaires.) Librairie Belin frères. Prix : 1 fr. 60 c.

AGRICULTURE

PREMIÈRE PARTIE

LE SOL

PRINCIPALES ESPÈCES DE SOLS. — ENGRAIS. — DRAINAGE

Préliminaires : but de l'agriculture.

SOMMAIRE. — 1. Ce que c'est que l'agriculture. — Son but. — 2. Nécessité de l'instruction en agriculture. — 3. Erreur des cultivateurs. — 4. L'agriculture est une industrie.

1. L'agriculture est la culture des champs. Son but est de fertiliser la terre de manière à lui faire produire les plantes qui nous sont nécessaires.

2. L'agriculture est une science complexe, qui exige des connaissances variées et approfondies, notamment sur les sciences physiques et naturelles. Et cependant, l'une des causes les plus funestes aux progrès de cette science est la croyance qu'il n'est pas nécessaire d'être instruit pour cultiver la terre.

3. On entend quelquefois les habitants des campagnes dire qu'il n'est pas besoin d'instruction pour manier la charrue, qu'il suffit d'avoir de bons bras : c'est une grave erreur. L'usage de la charrue, d'ailleurs, n'est que l'un des petits côtés de la question : ce n'est pas tout que de pouvoir diriger cet instrument. Il faut, rien que pour cette opération, qui n'est pas la seule, que le cultivateur sache d'abord quelles sont les meilleures charrues qui conviennent pour le domaine qu'il exploite, le nombre des labours à faire, quelle profondeur il doit leur donner, et à quelle époque ils doivent être faits; il est utile qu'il connaisse, en outre, l'influence de l'air renfermé dans la terre afin de chercher à en emmagasiner le plus possible par le labour, et l'importance du rôle que joue l'acide carbonique dans le sol.

On voit, rien que par cet exemple, pris au hasard, que l'agriculture ne consiste pas seulement dans l'exécution machinale des travaux de culture; mais que ceux-ci doivent être raisonnés et exécutés d'après les principes scientifiques.

4. L'agriculture est une science qui a ses lois, ses principes, qu'un bon cultivateur ne doit pas ignorer, s'il veut que la terre le rémunère de ses travaux. Il ne faut pas oublier qu'aujourd'hui l'agriculture est une véritable industrie, ayant à lutter contre la concurrence étrangère. Comme toute industrie, elle doit chercher à produire beaucoup avec le moins de dépenses possible. Elle est donc obligée d'abandonner, comme l'a fait l'industrie, les procédés routiniers, et de profiter des découvertes et des progrès qui ont été faits dans les sciences.

Vie des plantes.

SOMMAIRE. — 5. Les plantes sont des êtres vivants. — 6. Germination des plantes : trois conditions. — Phénomène de la germination. — 7. Nutrition des végétaux. — 8. Principes nutritifs. — Préférences des plantes. — 9. Nature et rôle de la sève. — 10. Circulation de la sève. — 11. Respiration des végétaux. — Asphyxie.

5. Les plantes sont des êtres organisés qui vivent, se nourrissent et se développent à l'endroit où ils sont fixés.

6. La germination des plantes est une des principales notions qu'un cultivateur doit posséder.

Trois conditions sont nécessaires pour qu'une graine germe et se développe : l'*eau*, l'*air* et la *chaleur*.

Quand on met dans une terre renfermant de l'humidité, de l'air et de la chaleur, une graine bien conformée un haricot par exemple, les deux parties de cette graine, appelées *cotylédons*, s'enflent et se ramollissent ; son enveloppe se déchire et sa petite racine s'enfonce dans la terre pendant que sa jeune tige s'élève dans l'air. Ensuite les cotylédons, qui ont nourri la plante pendant la germination, se fanent et tombent.

7. Lorsque les cotylédons sont tombés, le végétal se nourrit d'aliments gazeux et d'aliments minéraux solubles ; les gaz sont absorbés principalement par les feuilles, et les substances solubles sont puisées dans la terre par les racines.

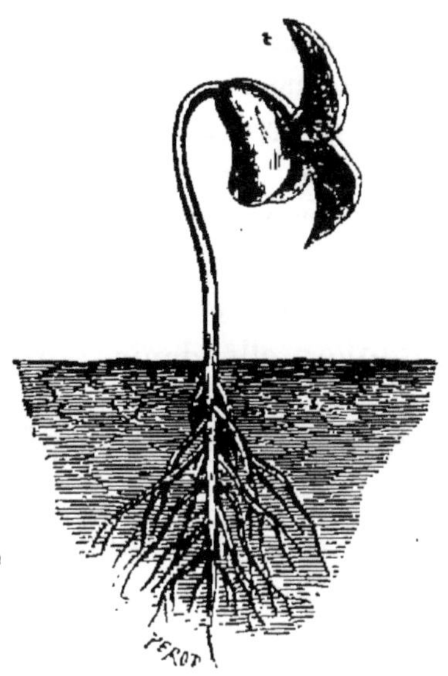

Fig. 1. — Germination.

8. Les principes nutritifs les plus importants sont : l'*azote*, la *potasse* et la *chaux*, ainsi que certains acides tels que l'*acide sulfurique*, et surtout l'*acide phosphorique*, car une terre est d'autant plus riche qu'elle renferme une plus grande quantité d'acide phosphorique ; c'est précisément cet élément fertilisant qui manque le plus aux terres arables.

Les végétaux ne prennent pas tous la même quantité des éléments nutritifs contenus dans le sol. Telles plantes, comme les pois, les haricots, préfèrent la potasse et la chaux ; telles autres, comme le blé, l'avoine, veulent surtout de l'azote, de l'acide phosphorique et de la silice : il faut donc encore que l'agriculteur connaisse les préférences de chacune d'elles ; par exemple, que le froment absorbe dans le même terrain plus d'acide phosphorique que les pommes de terre, mais moins de potasse ; et que la paille des céréales contient beaucoup plus de silice que leurs graines, mais un peu moins de potasse, etc.

Il faut qu'il sache aussi qu'il y a des substances telles que l'*azote*, l'*acide phosphorique*, la *chaux* et la *potasse*, qui sont enlevées de préférence aux autres, afin qu'il les restitue à la terre par des engrais appropriés.

9. Pour que les principes nutritifs du sol puissent être absorbés par les racines des plantes, il faut que la plupart soient dissous dans un liquide qu'on appelle la *sève*.

La sève est incolore : ce n'est autre chose que de l'eau contenant en dissolution de l'air, de l'acide carbonique, et différents sels qu'elle a rencontrés dans la terre. Elle part des racines et se répand dans toute la plante jusqu'aux feuilles, où elle se trouve en contact avec l'air, qui la modifie; elle devient un peu plus épaisse et redescend en abandonnant au végétal les matériaux nécessaires à son développement. On l'appelle alors *sève descendante*, ou *sève élaborée*.

10. La circulation de la sève est soumise à l'influence de la température. En hiver, la sève s'épaissit et reste stationnaire; au printemps, la chaleur la met en mouvement et la fait circuler dans toutes les parties de la plante.

11. Les végétaux respirent, comme les animaux : les principaux organes de la respiration sont les feuilles.

Sous l'influence de la chaleur, et surtout de la lumière, les feuilles des plantes décomposent l'acide carbonique contenu dans l'air, laissent l'oxygène et retiennent le carbone, dont s'empare la sève. Pendant la nuit, ce phénomène n'a pas lieu, de sorte que les végétaux prennent l'oxygène et rejettent de l'acide carbonique, qui rend l'atmosphère irrespirable; c'est pourquoi il est très dangereux de déposer des plantes et surtout des fleurs dans une chambre à coucher : on s'expose à être asphyxié.

Principales espèces de sols.

Sommaire. — 12. Ce qu'on appelle *sol* ou *terre végétale*. — 13. Sa profondeur.— 14. Ce que c'est que le *sous-sol.* — 15. Quand il est perméable. — 16. Quand il est imperméable. — 17. Composition du sol. — 18. Ce que c'est que l'*argile.* — 19. Ce que c'est que la *silice.* — 20. Ce que c'est que la *chaux.* — 21. Les meilleures terres. — 22. Principales espèces de sols. — 23. *Terres argileuses.* — 24. *Terres sableuses.* — 25. *Terres calcaires.* — 26. *Terres humifères.*

12. On appelle *sol* ou *terre végétale* la couche superficielle dans laquelle les végétaux puisent la nourriture qui leur est nécessaire.

On l'appelle aussi terre *arable* ou terre *cultivable*, parce qu'on est obligé de la cultiver pour qu'elle puisse produire les végétaux dont on a besoin. Elle sert en outre à soutenir les plantes, auxquelles elle donne un point d'appui.

La connaissance du sol est une de celles qu'il importe le plus au cultivateur de posséder, car la composition de la terre arable influe considérablement sur les récoltes, et indique le mode de culture qu'il convient de suivre.

13. L'épaisseur de la couche cultivable n'est pas toujours la même; elle varie depuis $0^m,10$ jusqu'à $0^m,50$: elle va quelquefois jusqu'à un mètre de profondeur.

14. On appelle *sous-sol* la couche de terre qui est au-dessous du sol; sa nature varie et peut différer de celle de la terre arable. Il est plus ou moins utile aux plantes selon qu'il est *perméable* ou *imperméable*, et selon sa qualité.

15. Il est perméable quand il laisse passer l'eau : tels sont les sous-sols sableux, pierreux.

16. Il est imperméable quand il ne laisse pas passer l'eau : tels sont les sous-sols argileux.

17. Le sol est formé de différentes substances minérales et de matières organiques en décomposition.

Les substances minérales essentielles sont au nombre de trois : l'*argile*, la *silice* et la *chaux.*

Les matières organiques en décomposition, qu'on appelle *humus* ou *terreau*, proviennent des plantes, des feuilles et des débris de toutes sortes qui pourrissent dans la terre. La présence de l'humus est indispensable, mais il ne faut pas qu'il y en ait trop.

18. L'*argile* ou *terre glaise* est une substance onctueuse, formant avec l'eau une pâte liante qui durcit et se fendille au soleil; elle peut en absorber une grande quantité et devient alors imperméable. Elle retient les principes solubles et ne les abandonne que lorsqu'elle est divisée.

19. La *silice* est une substance dure, composée ordinairement de grains de sable, et de cailloux plus ou moins gros, laissant passer l'eau et ne formant jamais une pâte avec elle : c'est tout le contraire de l'argile.

20. La *chaux* ou *terre calcaire* est une substance blanche, qui peut garder une certaine quantité d'eau; elle fait effervescence sous l'action des acides, et se gonfle sous l'influence de la gelée.

Le calcaire est indispensable aux plantes; il est très utile, comme amendement, dans les terres argileuses, qu'il divise, et dans les terres sableuses, qu'il rend un peu plus compactes. Dans un sol où manque le calcaire, les engrais ne se décomposent que lentement et difficilement.

21. Les meilleures terres sont celles dans lesquelles l'argile, la silice et la chaux se trouvent mélangées dans des proportions convenables : on les nomme *terres franches;* telles sont les terres d'alluvion et celles des jardins.

22. On distingue les sols d'après l'élément qui s'y trouve en trop grande proportion : *argile*, *sable* ou *calcaire*. Il y a donc des *terres argileuses*, des *terres sableuses* ou *siliceuses* et des *terres calcaires*.

23. Les *terres argileuses*, qu'on appelle encore terres *fortes* ou terres *tardives*, retiennent l'eau et s'échauffent difficilement; les récoltes y viennent tard.

On les nomme terres *fortes*, parce qu'elles sont très difficiles à cultiver et qu'elles exigent beaucoup de force. Elles ont besoin d'être remuées souvent, de manière qu'elles soient bien divisées ; on peut les améliorer considérablement au moyen des amendements, des fumiers longs et du drainage. Il faut avoir soin de les labourer avant l'hiver, afin que l'eau les pénètre : en se congelant, elle augmente de volume et brise les mottes.

24. Les *terres sableuses*, qu'on appelle encore terres *chaudes* ou terres *précoces*, s'échauffent facilement au printemps ; les récoltes y viennent promptement.

On les nomme aussi terres *légères* parce qu'elles sont faciles à cultiver. Elles sont assez fertiles, pourvu qu'elles ne soient pas en pente, mais elles ne conservent pas long-temps les engrais. En y mettant de la marne et des fumiers froids, ainsi que des engrais verts (c'est-à-dire des plantes enfouies avant leur maturité), on peut obtenir de belles récoltes.

25. Les *terres calcaires* sont habituellement stériles ; la pluie les détrempe, les rend boueuses et en quelque sorte imperméables à l'air et à la chaleur.

On les amende au moyen de l'argile ou de la silice. Leur couleur blanche réfléchit la chaleur, de sorte qu'elles sont presque toujours froides, quoiqu'il se produise à leur sur-face une réverbération intense qui dessèche les plantes.

Au contraire, les terres de couleur foncée sont chaudes, parce que la couleur noire a la propriété d'absorber la chaleur.

26. Il y a encore une espèce de terre, qu'on appelle *terre humifère*, parce qu'elle contient beaucoup d'*humus :* telles sont les *terres de bruyère* et les *terres tourbeuses*, qu'on améliore en y mettant de la marne ou de la chaux.

AMÉLIORATION DES TERRES

Amendements.

SOMMAIRE. — 27. Comment on améliore les terres. — 28. Ce que c'est qu'amender le sol. — 29. Principaux amendements : *chaux, marne, plâtre, cendres.* — 30. Comment on fait pour chauler un champ. — 31. Ce que c'est que la marne. — 32. Comment on fait pour marner un champ. — Précaution importante. — 33. Ce que c'est que le plâtre. — Les *plâtras.* — 34. Utilité des cendres.

27. On améliore les terres, c'est-à-dire on les rend plus fertiles, en y mettant des *amendements* et des *engrais.*

28. *Amender* le sol, c'est le modifier en y ajoutant les substances qui lui manquent. Ainsi, on amende une terre argileuse en y mettant du sable, et une terre sableuse en y mettant de l'argile.

On peut quelquefois modifier ces terrains au moyen du sous-sol, que l'on mélange avec la couche arable par un labour profond. C'est ainsi qu'on amende une terre sableuse dont le sous-sol est argileux, et réciproquement, une terre argileuse dont le sous-sol est sableux.

29. Les principaux amendements sont : la *chaux*, la *marne*, le *plâtre* et les *cendres*.

30. On chaule surtout les champs argilo-siliceux. Pour cela, on dépose par petits monceaux les pierres calcaires au sortir du four ; on recouvre ces tas d'une couche de terre battue, assez épaisse pour que l'eau ne puisse y pénétrer. Quand la chaux est bien délitée, c'est-à-dire réduite en poussière, au bout de quinze jours, on la mêle avec la terre des tas, et on la répand sur le sol ; ensuite on laboure légèrement afin de la bien mélanger avec la couche arable, mais sans l'enterrer profondément.

Il faut, autant que possible, ne chauler que par un temps sec ; cette opération se fait de préférence un peu avant l'hiver.

Le chaulage produit aussi de bons résultats dans les

sols humifères parce que la chaux fait disparaître l'acidité de ces sortes de terrains.

31. La *marne* est une substance qui rend les plus grands services dans les terres argileuses et dans les terres sableuses. Elle contient beaucoup de *carbonate de chaux,* et une certaine quantité d'argile : c'est la *marne calcaire.* Quand elle renferme plus d'argile que de chaux, on l'appelle *marne argileuse :* elle convient alors aux terres légères, tandis que la marne calcaire, qui est la plus estimée, est l'amendement des terres argileuses.

Le marnage, quand il est bien fait, améliore considérablement le sol; il a produit des effets merveilleux dans certaines parties de la France, qu'il a transformées : les landes et les bruyères sont devenues des terrains très fertiles.

32. Pour marner un champ, on dépose la marne par petits tas, à l'entrée de l'hiver, et on la laisse pendant toute cette saison; alors les pluies, les neiges et la gelée la réduisent en une poussière que l'on répand sur le sol, avec lequel il faut la bien mélanger par un labour.

On doit attendre que toute la marne soit complètement réduite en poussière, car ce n'est que sous cette forme qu'elle est utile, comme tous les amendements, d'ailleurs : c'est une chose que bon nombre de cultivateurs ne savent pas, et qui a cependant une grande importance. Quand la marne, en effet, est pulvérulente, il en faut beaucoup moins, et elle agit bien plus efficacement que si elle était en morceaux.

33. Le *plâtre*, ou *sulfate de chaux*, est une espèce de pierre calcaire que l'on fait cuire, et que l'on écrase pour la réduire en poudre. On répand le plâtre au printemps, après une pluie, sur les graines légumineuses, ainsi que sur le trèfle, la luzerne et le sainfoin, dont il double quelquefois la récolte.

On emploie aussi les *plâtras* de démolitions, à la condition qu'ils soient bien émiettés et presque en poudre.

34. Les cendres de bois, de houille, et autres, rendent beaucoup de services à cause de la potasse et de la chaux qu'elles renferment ; elles sont très favorables aux pommes de terre, aux haricots, etc.

Elles améliorent les terrains argileux, parce qu'elles les divisent et les ameublissent.

Engrais.

SOMMAIRE. — 35. Ce que c'est que fumer le sol. — 36. Principaux engrais : *fumier, guano, noir animal, phosphates, excréments humains.* — *Engrais végétaux.* — 37. Ce que c'est que le fumier. — Soins qu'il exige. — Fosse à purin. — 38. Utilité du purin. — Expérience. — 39. Influence du plâtre et de la couperose sur le fumier. — 40. Ce que c'est que le guano. — 41. Ce que c'est que le noir animal. — Phosphates. — 42. Excréments humains. — 43. Utilité de l'urine.

35. Fumer le sol, c'est le rendre plus fertile en y mettant des engrais et surtout du fumier.

36. Les principaux engrais sont : *le fumier, le guano, le noir animal, les phosphates et les excréments humains.*

On emploie aussi, sous le nom d'*engrais végétaux*, les·tourteaux, qui sont riches en azote et en acide phosphorique, les marcs de pomme et de raisin, et les récoltes vertes que l'on enfouit dans la terre : le sarrasin, par exemple.

37. Le *fumier* est le meilleur engrais ; il est formé par la décomposition de la litière que l'on a mise sous les bestiaux, et à laquelle sont mêlés leur urine et leurs excréments. Pour que le fumier acquière toute sa valeur, il faut lui faire subir préalablement une certaine fermentation.

Son entretien exige des soins qu'on ne prend pas toujours. A cause de la santé, on ne doit pas le mettre devant les habitations, parce qu'il exhale de mauvaises odeurs qui sont nuisibles. Il faut, autant que possible, le déposer auprès des écuries, en tas de $1^m,50$ à 2 mètres de hauteur au plus, disposés dans une fosse abritée et placée de manière que les eaux de la cour n'y arrivent pas ; le fond de cette fosse est enduit de béton et un peu incliné, afin que les liquides contenus dans le fumier se rendent dans une citerne étanche appelée *fosse à purin*, qui doit communiquer, par une rigole, avec les écuries.

38. Malheureusement, l'ignorance en agriculture est encore tellement grande, que la plupart des cultivateurs ne savent pas que le purin est la partie la plus précieuse du fumier, et ils le laissent se perdre dans les fossés qui bordent la route, ou bien dans la mare à laquelle s'abreuvent les bestiaux, qu'il empoisonne. S'ils le recueillaient avec soin, ils en arroseraient leur fumier ainsi que leurs prairies, tandis qu'en négligeant de l'utiliser, ils ne mettent dans leurs terres que des fumiers secs et de peu de valeur. Car, dans le fumier, ce n'est pas la paille qui fournit aux plantes la nourriture dont elles ont besoin, mais bien le purin, qui contient beaucoup d'azote que les racines puisent dans le sol pour en nourrir le végétal. Il est très facile de faire comprendre cela aux enfants par une petite expérience.

On prend une carafe, ou une bouteille, que l'on emplit d'eau et dans laquelle on jette une pincée de guano ou de tout autre engrais; on met, à la surface de l'eau, un peu de mousse sur laquelle on place un bulbe quelconque (jacinthe, ail, etc.). Au bout d'un certain temps, on voit les racines s'enfoncer dans l'eau, et la tige se développer; il est facile de faire constater que c'est l'eau, chargée des principes qu'elle a dissous, qui a nourri la plante en traversant les petits canaux ou tubes qui se trouvent dans les racines, et que ce phénomène est analogue à celui qui se produit dans la terre pour tous les végétaux.

39. Le fumier ne doit pas être transporté dans les champs au sortir des écuries; mais il ne faut pas non plus le laisser trop longtemps en tas, parce qu'il se décomposerait et perdrait une assez grande quantité de principes fertilisants, notamment les matières azotées et l'ammoniaque. Pour éviter la perte de ces substances, il faut recouvrir le tas de fumier d'une couche de plâtre en poudre ou de couperose verte, mais bien se garder d'employer la chaux; car, au lieu de retenir l'ammoniaque, elle en favoriserait le dégagement: voilà encore une notion que tous les cultivateurs devraient posséder.

Plus on renouvelle les litières fréquemment, plus on a de fumier, qui est d'autant meilleur que les bestiaux sont mieux nourris. Il y a des fumiers qui sont chauds et qui conviennent bien aux terres argileuses, comme ceux des chevaux et des moutons; d'autres sont froids et conviennent aux terres sableuses, comme ceux des vaches et des bœufs. On met ordinairement de 25 à 30000 kilogrammes de fumier par hectare. Un mètre cube de fumier pèse de 500 à 700 kilogrammes.

Il est facile d'augmenter la production de cet engrais, en utilisant tous les débris, de quelque nature qu'ils soient, et en les mélangeant avec une certaine quantité de fumier : un cultivateur intelligent ne laisse rien perdre et sait tirer parti de tout.

40. Le *guano* est un engrais énergique, formé par les déjections d'oiseaux marins, principalement sur les côtes du Pérou ; c'est un engrais très actif et très chaud, qui renferme beaucoup d'azote et d'acide phosphorique. On l'emploie surtout comme engrais complémentaire, c'est-à-dire appliqué au moment des semailles ou pendant la végétation, à la dose de 150 à 200 kilogrammes par hectare, pour les céréales, les plantes oléagineuses, les racines fourragères, etc.

41. Le *noir animal* est un engrais excellent, formé d'os et d'animaux morts, qu'on a calcinés. Il contient beaucoup de phosphate de chaux, ce qui fait qu'il convient particulièrement au blé, aux choux, aux pommes de terre, etc.

On trouve, dans certains départements, des *phosphates naturels :* ce sont les engrais les plus utiles; on peut les transformer, au moyen de l'acide sulfurique, en *super-phosphates*, qui ont la propriété de rendre beaucoup plus soluble l'acide phosphorique qu'ils contiennent.

42. Les *excréments humains* forment un engrais précieux, qui n'est pas assez utilisé. Il est cependant facile de les employer, en les désinfectant au moyen de terre, de sciure de bois et de sulfate de fer ou couperose verte.

Chaque personne en produit annuellement de quoi fumer trois ou quatre ares de terre.

43. Un autre engrais très utile et trop peu employé, c'est l'*urine* de l'homme, qui peut être répandue sous forme d'arrosage, après qu'on y a ajouté trois ou quatre fois autant d'eau. Les effets qu'elle produit sur les choux et les pommes de terre sont surprenants, surtout dans les sols légers.

D'ailleurs, les engrais sont plus actifs et plus efficaces quand on les emploie liquides. Ainsi, l'urine des chevaux produit cinq fois plus d'effet que leur fumier lui-même.

Emploi des engrais.

Sommaire. — 44. Valeur d'un engrais. — Son analyse.— 45. La *chimie agricole*. — Ce que c'est. — Son utilité.' — 46. Champs d'essai ou de démonstration. — 47. Analyse facile d'une terre ou d'une marne. — 48. Fraude des engrais. — Moyens de l'éviter.— *Bureau de vérification;* garantie à exiger du marchand d'engrais. — *Syndicats d'agriculteurs.*

44. La valeur d'un engrais dépend de la quantité de principes fertilisants tels qu'azote, potasse, acide phosphorique, etc., qu'il contient.

Pour savoir ce que renferme un engrais, il faut l'analyser, c'est-à-dire le décomposer, au moyen de procédés qu'enseigne la *chimie agricole*, science qui n'est pas assez connue.

45. La chimie agricole est une science qui nous fait connaître la constitution du sol, les causes de sa fertilité, et par suite les moyens de l'améliorer pour lui faire produire le plus grand rendement possible; l'influence de l'air et de l'eau sur les terres, la nature des plantes, de quoi elles se nourrissent et comment elles absorbent la nourriture qui leur est nécessaire; la composition des engrais et leur emploi dans tel ou tel sol, pour telle récolte plutôt que pour telle autre, etc.

46. Les cultivateurs ont un moyen bien simple à leur

disposition pour savoir quelle nature d'engrais exigent leurs terres : c'est de consacrer une parcelle de chaque terrain à des essais, en la divisant en carrés que l'on fume avec des engrais différents; la récolte indiquera, de même que l'analyse des terres, celui qui manque à chacun des terrains où l'expérience a été faite. Les résultats parleront d'eux-mêmes et sembleront dire : ici, il faut un engrais azoté; là, un engrais phosphaté; ailleurs, un engrais potassique, etc.

Quant à la quantité d'engrais à employer, voici un exemple qui montrera comment on peut la connaître approximativement, pour l'une des cultures les plus importantes : celle du blé.

Si l'on veut obtenir un rendement de 20 hectolitres de blé dans un hectare de bonne terre qui a reçu, l'année précédente, une forte dose de fumier, il faudra, d'après des calculs bien établis, donner à cette étendue de terrain, sous forme d'engrais complémentaire, environ 13 kilogrammes d'azote et 4 kilogrammes d'acide phosphorique. On arrivera à ce résultat en répandant, soit au moment des semailles, soit pendant la végétation, 150 kilogrammes de guano, ou bien 200 kilogrammes de tourteaux de graines oléagineuses. En outre, chacun de ces engrais complémentaires fournira au sol une certaine quantité de potasse : le premier, 3 kilogrammes; le second, 2 kilogrammes environ.

47. Il est également facile à l'agriculteur de faire l'analyse approximative d'une terre, et même d'apprécier, à peu près, la richesse d'une marne en carbonate de chaux, ce qui est indispensable : autrement, il peut s'exposer à faire une dépense complètement inutile en marnant un terrain qui n'en a pas besoin, ou bien un excès de dépense en mettant plus de marne qu'il n'en faut.

Je vais indiquer un moyen très simple, que j'ai expérimenté. Après avoir fait sécher une certaine quantité de terre de mon jardin, j'en garde un poids de 100 grammes. Je la mets dans une pelle que je place sur le feu, en remuant la terre jusqu'à ce que l'humus soit brûlé; je la pèse quand elle est refroidie et je trouve 93 grammes : la différence, 7 grammes, représente le poids de l'humus. Ensuite, je mets la terre dans un vase et je verse dessus du fort vinaigre qui fait dissoudre la chaux ; je décante, je laisse sécher ce qui reste et je le pèse : 85 grammes ; la différence, 8 grammes, indique le poids du carbonate de chaux. Je n'ai donc plus qu'un mélange de sable et d'argile, sur lequel je verse de l'eau en remuant un peu, puis je le laisse reposer ; le sable tombe au fond et l'argile se mêle à l'eau, qu'elle jaunit. Je décante et je lave encore la terre qui reste, plusieurs fois, jusqu'à ce qu'il n'y ait plus que du sable, que je pèse après l'avoir fait sécher ; je trouve 60 grammes : la différence, 25 grammes, représente le poids de l'argile.

Il en résulte que la terre analysée est ainsi composée, à peu près :

Silice.	60 p. 100
Argile.	25 —
Calcaire.	8 —
Humus.	7 —

Ces proportions indiquent que l'échantillon appartient à une bonne terre de jardin, à ce qu'on appelle une *terre franche*.

Pour analyser une marne, la méthode est analogue, mais bien plus simple. Après avoir fait sécher l'échantillon, on le pèse, soit 200 grammes ; on verse dessus du fort vinaigre, on décante et on laisse sécher ; on pèse ce qui reste, soit 40 grammes ; la différence, 160 grammes, représente le poids de la chaux, et indique que c'est une marne calcaire très riche en carbonate de chaux, puisqu'elle en contient 80 p. 100.

48. Cette question des engrais est importante pour le cultivateur, car il y a des gens qui le trompent en lui vendant très cher des engrais falsifiés ; c'est d'autant plus déplorable qu'il est impossible, en voyant un engrais, de savoir s'il est fraudé ou non.

Il y a un moyen de s'assurer s'il a été falsifié : c'est de le faire analyser par un chimiste, ou par le *bureau de véri-*

fication. Aujourd'hui, dans bien des départements, il y a au chef-lieu ce qu'on appelle une *station agronomique* ou *bureau de vérification* dirigé par un chimiste qui fait, à peu de frais, l'analyse des engrais vendus. Le cultivateur peut donc toujours savoir ce que contient l'engrais qu'il a acheté, pourvu qu'il ait eu soin d'exiger que le marchand mette sur sa facture la quantité d'éléments fécondants que renferme l'engrais, de cette sorte : « Tel engrais contient tant pour cent d'azote, de potasse, d'acide phosphorique, etc.; signature. » La loi du 7 février 1888, concernant *la répression des fraudes dans le commerce des engrais*, oblige le vendeur à donner cette garantie, ou bien (lorsque la vente aura été faite avec stipulation du règlement du prix d'après l'analyse à faire sur échantillon prélevé au moment de la livraison) à mentionner le prix du kilogramme de l'azote, de l'acide phosphorique et de la potasse contenus dans l'engrais tel qu'il est livré.

Un autre moyen d'éviter la fraude, c'est de faire partie des *syndicats d'agriculteurs*, établis dans certains départements, et qui fournissent d'excellents engrais à très bon marché.

Assainissement : Drainage.

Sommaire. — 49. Autres moyens d'améliorer les terres. — 50. Assainissement des terrains humides : drainage. — Ce que c'est. — 51. Inconvénients des sols humides. — 52. Comment on reconnaît qu'un terrain a besoin d'être drainé. — 53. Opérations du drainage. — Dimensions des tranchées et des tuyaux. — Espacement des lignes de drains. — 54. Prix de revient du drainage. — 55. Avantages du drainage. — 56. Autres moyens d'assainir le sol.

49. Il y a encore d'autres moyens d'améliorer les terres. Ainsi on améliore les terrains humides en les *assainissant*, les terres incultes en les *défrichant*, et les terrains arides en les *irriguant*.

50. *Assainir* une terre, c'est la débarrasser de l'excès d'eau qu'elle contient. Un des meilleurs moyens de l'assainir, c'est de la *drainer*.

Le drainage a pour résultat d'enlever aux terres les eaux surabondantes qui s'y trouvent et qui s'opposent aux travaux de l'agriculture.

51. Lorsque l'eau séjourne dans un terrain, elle gêne la culture et empêche l'introduction de l'air dans le sol; elle contrarie la germination des graines et retarde la végétation, parce qu'elle refroidit la terre, de sorte que la récolte est souvent compromise : les travaux de culture ont été faits presque en pure perte.

52. On reconnaît qu'un terrain a besoin d'être drainé quand, après les pluies, il reste des flaques d'eau pendant quelque temps ; lorsque la terre s'attache aux chaussures, et qu'elle se fendille en été. La présence des plantes qui poussent habituellement dans les endroits humides, telles que les joncs et les prêles, est encore un indice.

On peut dire qu'en général les terres qui demandent à être drainées sont les terres argileuses et les terrains dont le sous-sol est imperméable.

53. Quand on veut drainer un champ, on commence par en lever le plan et en faire le nivellement; ensuite, on ouvre, dans le sens de la pente, une série de rigoles profondes d'un mètre à $1^m,30$, qui ont de $0^m,50$ à $0^m,60$ d'ouverture ; mais cette largeur va en diminuant jusqu'au fond, où elle n'est que de $0^m,06$ ou $0^m,07$ (*fig.* 3).

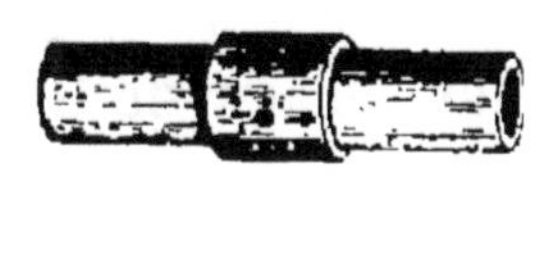

On pose bout à bout des tuyaux cylindriques en poterie de $0^m,30$ à $0^m,35$ de longueur, et de $0^m,03$ ou $0^m,04$ de diamètre, en leur donnant une pente de $0^m,005$ à $0^m,008$ par

Fig. 2 et 3. — Drainage.

mètre. On comble ensuite les tranchées avec la terre qu'on en avait extraite pour les creuser. Les rigoles débouchent toutes dans un tuyau plus gros que l'on appelle *drain collecteur*.

Cette opération n'est pas difficile, mais elle demande beaucoup de soin et des ouvriers exercés.

L'espacement des lignes de drains est plus ou moins grand, suivant l'humidité des terres : il varie entre dix et douze mètres.

54. Le drainage exécuté de la manière qui vient d'être indiquée coûte de 150 à 200 francs l'hectare.

55. Comme la dépense est assez élevée, il faut s'assurer, par tous les moyens possibles, que cette opération est vraiment nécessaire. Mais, quand le drainage est pratiqué dans une terre qui en a réellement besoin, il produit une augmentation de revenu considérable, qui compense largement la dépense que l'on a faite. En enlevant au sol l'eau qui s'y trouvait en surabondance et qui le refroidissait, il augmente la chaleur de la couche arable et active la végétation des plantes, qui mûrissent quinze jours plus tôt ; en outre, il assainit la terre, et la rend perméable à l'air et aux autres gaz, ce qui est très important ; enfin, il ameublit le sol, qui est bien plus facile à cultiver et moins sujet à se crevasser en été.

56. Il y a d'autres moyens d'assainir un terrain sans dépenser beaucoup d'argent. Un des plus économiques consiste à faire des fossés couverts, au fond desquels on met, au lieu de tuyaux, un lit de cailloux et de pierres.

Défrichement.

SOMMAIRE. — 57. Ce que c'est que le défrichement. — Comment il se fait. — 58. Fumure des terres défrichées. — 59. Première récolte. — 60. Défrichement des terrains boisés.

57. Le *défrichement* a pour but de rendre cultivable une terre stérile, qui ne produisait que des broussailles et des herbes inutiles.

Cette opération se fait à la fin de l'automne ; on laboure profondément le sol, soit à la pioche, soit à la charrue, de manière que les blocs de terre soient renversés sens dessus dessous ; alors le froid, les pluies et la chaleur les délitent et les ameublissent. Ensuite, on donne un second labour en travers, puis un hersage énergique avec une forte herse à dents de fer.

Le défrichement ne convient pas à toutes sortes de terrains.

58. On ne fume pas une terre qui vient d'être défrichée : on y met de la marne et, s'il est nécessaire, un peu de noir animal ; mais après la première récolte, il faut donner une bonne fumure.

59. Quand une terre a été défrichée sans être défoncée, la première récolte à lui demander est le seigle, l'avoine ou le sarrasin. Il est bon d'y cultiver ensuite des plantes sarclées afin de détruire les mauvaises herbes. Si le sol a été défoncé, on peut commencer par une culture de pommes de terre ; l'année suivante, on y cultive des plantes fourragères.

60. Pour défricher un terrain boisé, il faut y être autorisé par l'administration. Cette opération n'est avantageuse que si le sol est fertile et n'a pas une pente trop rapide ; car, dans ce dernier cas, la bonne terre serait promptement entraînée par les pluies, et le terrain ne produirait presque rien.

Irrigations.

Sommaire. — 61. Ce que c'est que les irrigations.—62. Epoques auxquelles elles ont lieu. — 63. Qualité des eaux. — 64. Utilité de l'irrigation pour les prairies. — 65. Comment se fait l'irrigation. — 66. Quantité d'eau à employer.

61. Les *irrigations* consistent à amener l'eau dans les terrains, de manière à combattre l'action desséchante des fortes chaleurs et à fournir aux plantes l'humidité qui leur est nécessaire.

C'est surtout dans le Midi qu'elles rendent de grands services ; car on ne les emploie pas seulement pour les prairies, comme dans les autres parties de la France, mais on les applique à beaucoup d'autres cultures, et surtout aux cultures maraîchères. Elles constituent un puissant élément de fertilisation ; car, outre qu'elles fournissent aux plantes l'humidité que celles-ci ont perdue par la transpiration, certaines eaux d'irrigation renferment des principes fécondants qu'elles abandonnent au sol; telles sont les eaux d'égout, d'usines, et celles qui proviennent du drainage.

Pour irriguer un terrain, il faut pouvoir faire couler à volonté une certaine quantité d'eau sur le sol, doucement, par nappes uniformes, de manière qu'elle n'enlève pas la terre végétale, et qu'elle n'y séjourne que le temps nécessaire pour baigner suffisamment le terrain.

62. On commence les irrigations au printemps, quand les gelées sont passées ; puis, à mesure que la chaleur augmente, on met moins d'eau et on ne la laisse pas si longtemps, mais on en donne plus souvent. Il faut, chaque fois, laisser au sol le temps de se ressuyer. Plus la terre est poreuse, plus on doit irriguer fréquemment : si elle est argileuse, il faut s'arrêter aussitôt qu'elle est assez imbibée.

Pendant les chaleurs, on irrigue la nuit, ou dans le jour quand le temps est couvert. A l'automne, on peut irriguer plus souvent et laisser séjourner l'eau plus longtemps.

L'irrigation d'hiver est peu pratiquée; elle ne doit être faite que lorsque les prairies sont unies, en pente très douce, et qu'il est possible de les couvrir d'une nappe d'eau relativement épaisse. Dans ce cas, la couche de glace qui se forme à la surface maintient la température de la terre à un degré bien supérieur à celui de la température extérieure. L'irrigation d'hiver présente un autre avantage : comme les eaux séjournent longtemps sur le sol, elles lui abandonnent les principes fertilisants qu'elles contiennent.

63. Toutes les eaux ne conviennent pas à l'irrigation : il y en a même qu'il vaudrait mieux ne pas employer, telles que les eaux qui dissolvent mal le savon et celles qui renferment des substances nuisibles à la végétation des plantes.

Une eau est bonne lorsqu'elle contient beaucoup de principes fécondants et qu'elle est bien aérée : c'est pourquoi il faut, quand c'est possible, choisir celle qui vient d'une source éloignée, parce qu'elle a été plus longtemps exposée à l'air.

64. L'irrigation peut rendre des services dans toutes les terres; mais c'est principalement aux prairies qu'elle est utile, car elle en double quelquefois la valeur, et, quand elles sont drainées, elle produit des résultats surprenants.

C'est pour cela qu'on devrait irriguer les prairies partout où il est possible de le faire; malheureusement, beaucoup de personnes ne connaissent pas les avantages de l'irrigation, de sorte qu'il n'y a pas dix cultivateurs sur cent qui irriguent leurs prés. Outre qu'une prairie irriguée produit bien davantage, elle n'a pas besoin d'être fumée si souvent que celle qui ne l'est pas, surtout quand on s'est servi d'une eau d'égout.

Que de bénéfices réaliserait l'agriculteur s'il était plus instruit !

65. L'irrigation est d'ailleurs facile à faire. On amène l'eau sur la partie la plus élevée du terrain, au moyen de rigoles horizontales, et on la fait déverser, à l'aide de barrages, sur toute la surface du pré.

66. La quantité d'eau à employer a aussi son importance; elle varie suivant la nature du sol et des plantes cultivées, et aussi d'après le climat. Il ne faut pas trop d'eau, mais, si l'on n'en met pas assez, on n'obtient pas de bons résultats.

DEUXIÈME PARTIE

CULTURE DU SOL

INSTRUMENTS ARATOIRES. — SEMAILLES. — RÉCOLTES

Labour. Charrue.

SOMMAIRE. — 1. Ce que c'est que le labour. — Son but. — Importance de l'air et de l'eau. — 2. Avantages d'un bon labour. — 3. Instruments de labour. — 4. Bêche. — 5. Houe. — 6. Hoyau. — 7. Charrue. — Conditions que doit remplir une bonne charrue. — Charrue de Mathieu de Dombasle. — 8. Description de la charrue. — 9. Régulateur. — 10. Avant-train. — 11. Labour le plus simple. — Son exécution. — 12. Sa profondeur. — 13. Défoncement.

1. Le labour est une des opérations les plus importantes de l'agriculture.

Il a pour but d'ameublir la terre en la divisant et en la renversant, afin que l'eau, la chaleur et surtout l'air puissent la pénétrer. Il est, en effet, essentiel que l'air entre dans la terre en grande quantité.

Voici pourquoi :

Les plantes se nourrissant des principes féconduns contenus dans les engrais, il faut que la plupart de ces éléments soient dissous pour être absorbés. Or, l'acide carbonique a la propriété de dissoudre plusieurs de ces principes. Ainsi, pour en citer un exemple, le carbonate de chaux, qui se trouve dans presque tous les terrains et qui est indispensable aux plantes, est complètement insoluble dans l'eau, tandis qu'il se dissout très bien dans une eau chargée d'acide carbonique. Il est donc nécessaire qu'il y ait beaucoup d'acide carbonique dans le sol, et, comme il est produit par l'oxygène de l'air qui se combine avec le carbone des débris végétaux renfermés dans la terre, il en résulte que plus le sol contiendra d'air, plus il s'y formera d'acide carbonique.

Il est également très important que l'eau y pénètre en grande quantité, afin d'y former des réserves abondantes que les plantes utiliseront quand elles auront absorbé celle des pluies, qui est toujours insuffisante : c'est pourquoi il faut labourer le plus profondément possible, car, plus la couche arable sera épaisse, plus elle emmagasinera d'eau.

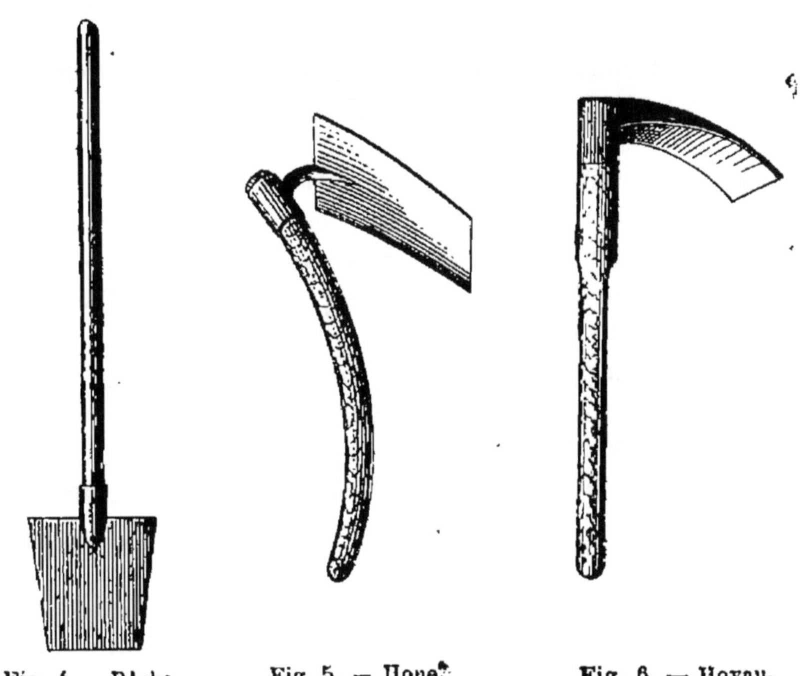

Fig 4. — Bêche.   Fig. 5. — Houe.   Fig. 6. — Hoyau.

2. Le labour a encore pour objet de détruire les mauvaises herbes et d'enterrer les engrais. Quand il est bien exécuté, on est à peu près sûr de la réussite de la récolte. Tout le monde connaît ces paroles du grand ministre Sully, qui protégea l'agriculture : « Le *labourage* et le *pâturage* sont les deux mamelles de la France et les vraies mines d'or du Pérou. »

3. Dans la petite culture, les labours sont quelquefois

exécutés par l'homme seul avec la *bêche*, la *houe* et le *hoyau*.

4. La *bêche* est formée d'une lame de fer quadrangulaire munie d'une douille droite dans laquelle est enfoncé un manche en bois.

Le labour à la bêche est le meilleur, mais il est peu expéditif.

5. La *houe* est formée, comme la bêche, d'une lame de fer quadrangulaire munie d'une douille qui, au lieu d'être droite, est recourbée sur elle-même, de sorte que le manche qu'on introduit dedans se trouve parallèle à la lame de fer, qu'il dépasse un peu.

On s'en sert beaucoup pour butter certaines plantes et pour donner des façons superficielles.

Il y a des houes dont la lame est triangulaire, ou bien qui sont formées de deux dents plates et pointues : on les emploie principalement pour la culture de la vigne.

6. Le *hoyau* est une espèce de houe à lame forte, aplatie, taillée en biseau; il est employé pour les façons qui demandent le plus de force.

7. Dans la grande culture, on laboure avec des *charrues* traînées par des chevaux ou des bœufs.

Une bonne charrue doit remplir plusieurs conditions. Il faut qu'elle pénètre à une certaine profondeur, afin d'exposer à l'action de l'air la plus grande quantité de terre possible; qu'elle retourne tout à fait les mottes de terre afin de déraciner les mauvaises herbes, et qu'elle brise ces mottes en les retournant, pour que l'air, la pluie, le froid ou la chaleur puissent les pénétrer et les diviser.

Parmi les meilleures charrues, il faut citer celle qui a été inventée par Mathieu de Dombasle, et qui a rendu de grands services à l'agriculture.

8. Une charrue se compose de plusieurs pièces bien distinctes, qui sont : le *soc*, le *versoir*, le *talon*, le *coutre* ou *couteau*, l'*age* et les *mancherons* (*fig.* 7 et 8).

Le *soc*, S, est la partie principale; c'est une pièce de fer triangulaire, dont la longueur est proportionnée à la largeur, et qui coupe horizontalement une bande de terre.

Le *versoir*, V, est le prolongement du soc; c'est une lame de fonte ou de fer, contournée, qui rejette la bande de terre coupée par le soc. Le *talon* ou *sep*, T, est une pièce qui glisse au fond du sillon et qui relie les autres parties entre elles au moyen de deux montants appelés *étançons*, E. Le *coutre*, C, est une espèce de grand couteau qui est placé en avant et tout près du soc, un peu obliquement; il fend verticalement la bande de terre que le soc coupe horizontalement en dessous. L'*age* ou *flèche*, A,

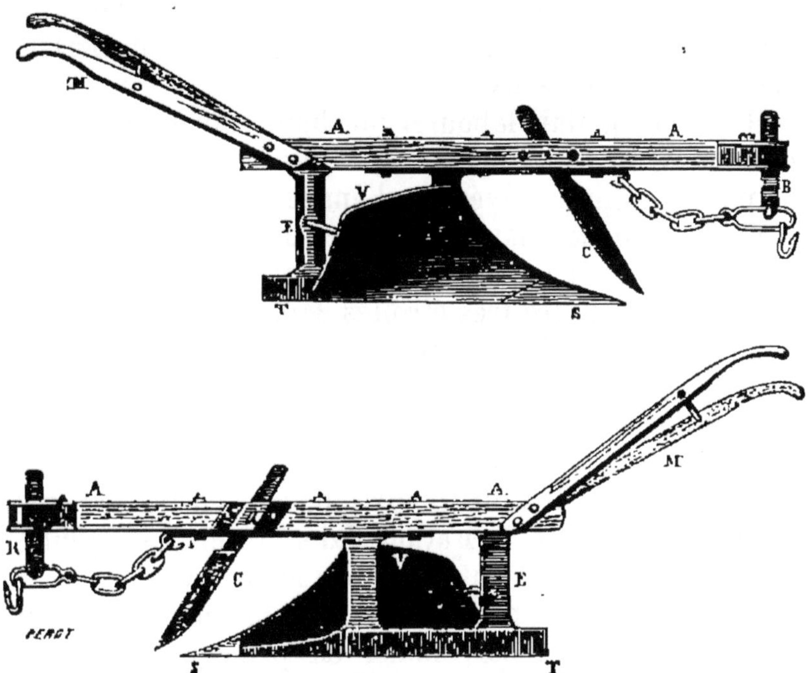

Fig. 7 et 8. — Charrue.

est une pièce horizontale, en bois ou en fer, à laquelle sont fixées les différentes parties de la charrue. Il est terminé par les *mancherons*, M; ce sont deux manches avec lesquels le laboureur dirige la charrue.

9. Mathieu de Dombasle a eu l'excellente idée de placer à la partie antérieure de l'age un petit appareil appelé *régulateur*. C'est une tige verticale qui règle l'*entrure* de la charrue, c'est-à-dire qui fait enfoncer le soc plus ou moins dans la terre, suivant qu'on élève ou qu'on abaisse cette tige.

10. Il y a des charrues qui ont un *avant-train*, composé de deux roues reliées par un essieu auquel on fixe l'extrémité de l'age.

11. Le labour le plus simple est le *labour à plat*, dans lequel la terre est toujours renversée du même côté, de telle sorte que les raies sont toutes les unes à côté des autres, sans interruption.

On a soin de ménager, de distance en distance, des rigoles tracées dans le sens de la pente, afin d'assurer l'écoulement des eaux.

Il ne faut jamais labourer un champ qui est encore trop humide; c'est très important, car la terre serait gâtée et ne pourrait être cultivée que l'année suivante.

La largeur des bandes de terre que l'on prend avec la charrue varie d'après la nature du terrain. Ainsi, les bandes doivent être très étroites dans une terre argileuse, parce que celle-ci a besoin d'être bien divisée et bien ameublie.

Ordinairement, on laboure dans le sens de la pente du terrain, afin de faciliter l'écoulement des eaux ; cependant, sur les coteaux, il vaut mieux labourer en travers, parce qu'en faisant cette opération dans le sens de la pente, la terre végétale serait entraînée par les pluies.

12. Quant à la profondeur du labour, elle varie suivant la constitution du sol; mais, en principe, les labours profonds sont toujours les meilleurs. Dans les terres argileuses, il est indispensable que le labour soit profond.

Lorsqu'il dépasse $0^m,30$, il prend le nom de *défoncement*.

13. Le *défoncement* consiste à labourer une terre plus profondément que dans le labour ordinaire. Cette opération, qui s'exécute en automne, exige de la prudence, car elle est très coûteuse; elle ne doit être faite, en général, que si le sous-sol est de bonne qualité.

Quand le sous-sol est bon, et qu'on veut le mélanger à la terre cultivable, on défonce à la pioche ou à la bêche.

S'il est mauvais, et qu'on veuille simplement maintenir la couche arable dans toute son épaisseur (ce qui est indispensable dans les terres fortes, où le frottement du sep forme une espèce de *plancher*), on laboure avec une bonne charrue ordinaire, que l'on fait suivre d'une espèce de charrue fouilleuse qui n'a pas de versoir, et qui ameublit le sous-sol sans le mélanger à la terre végétale. Cette dernière opération est très utile, car l'action réitérée du sep formerait, à la longue, une espèce de sous-sol artificiel qui diminuerait l'épaisseur de la couche arable et empêcherait les racines de certaines plantes de s'enfoncer dans la terre. Avec un labour profond, les plantes souffrent bien moins des excès de sécheresse ou d'humidité.

Hersage. Herse. Roulage. Rouleau.

SOMMAIRE. — 14. But du hersage. — 15. Ce que c'est que la herse. — Herse Valcourt. — 16. Herse anglaise articulée. — 17. En quoi consiste le roulage. — 18. Ce que c'est que le rouleau.

14. Le hersage a pour but d'ameublir le sol en divisant les mottes; il sert aussi à enterrer les engrais pulvérulents, ainsi que la semence, et à détruire les mauvaises herbes.

Le hersage n'est profitable que s'il est fait au moment convenable, surtout dans les terres fortes; car, si le sol est encore humide, les dents s'engorgent et les mottes fléchissent; s'il est trop sec, les dents ne font qu'effleurer la terre sans la pénétrer. L'instrument dont on se sert s'appelle *herse*.

15. La *herse* se compose d'un châssis de bois

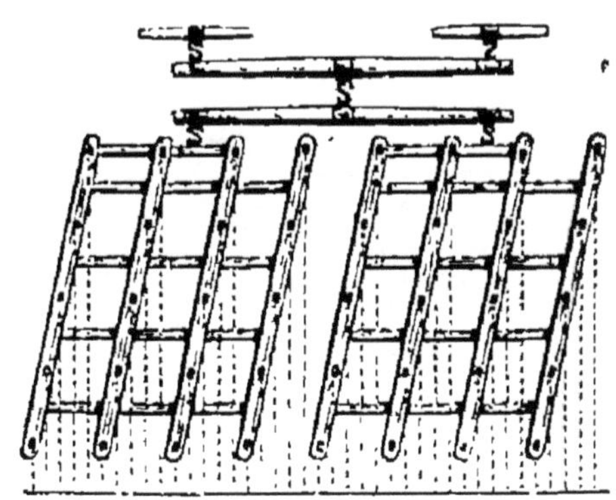

Fig. 9. — Herse Valcourt.

triangulaire ou quadrangulaire, auquel sont fixées des

dents eu bois ou en fer, droites ou recourbées. Une des meilleures de ce genre est la *herse Valcourt*, qui a la forme d'un losange; on peut en réunir deux au moyen d'un palonnier, comme l'indique la figure 9. Cette herse a 1 mètre de largeur et de $1^m,20$ à $1^m,30$ de longueur.

16. Les Anglais ont perfectionné la herse Valcourt en accouplant plusieurs herses ensemble. Ils en ont construit une qui est articulée et toute en fer; elle est formée de châssis indépendants les uns des autres, mais reliés entre eux; de cette manière, elle peut suivre toutes les sinuosités du terrain et accomplir un travail aussi parfait que possible.

Il faut que les dents d'une herse soient placées de manière à former des raies parallèles à égale distance les unes des autres.

17. Le roulage consiste à faire passer sur le sol un rouleau en bois ou en fonte, afin de bien briser les mottes dans les terres argileuses. On l'emploie dans les terrains légers pour plomber leur surface, afin d'empêcher l'évaporation de l'humidité.

Le roulage est indispensable dans les terres qui ont été soulevées par la gelée, parce que les plantes peuvent être déracinées. En outre, il permet aux céréales de taller davantage.

Fig. 10. — Rouleau Croskill.

18. Le *rouleau* est un cylindre formé d'une pièce de bois unie, ou mieux de disques mobiles en fer. Un des meilleurs pour les terres fortes est le rouleau Croskill, dont les disques sont munis de pointes ou dents nombreuses et puissantes.

Buttage. Sarclage. Binage. Houë à cheval. Extirpateur. Scarificateur.

SOMMAIRE. — 19. Ce que c'est que le buttage. — 20. Buttoir. — 21. Ce que c'est que sarcler. — 22. But du binage. — 23. Binage avec la houe à cheval. — 24. Binage à la main. — 25. Ce que c'est que l'extirpateur. — 26. Scarificateur.

19. Le buttage a pour but de réunir la terre au pied des pommes de terre, des haricots, du maïs, etc. On se sert pour cela d'une espèce de charrue appelée *buttoir*. Dans la petite culture, cette opération se fait à la main avec la houe.

20. Le *buttoir* est une charrue munie de deux versoirs dont on peut varier l'écartement, et qui rejette la terre également à droite et à gauche.

21. Sarcler, c'est arracher toutes les mauvaises herbes qui poussent dans les champs et qui nuisent au développement des récoltes. Il faut avoir soin de les enlever avant qu'elles ne soient en fleurs; autrement les graines tomberaient sur le sol, et se reproduiraient pendant plusieurs années.

La plante que l'on doit le plus s'efforcer de détruire est le chardon, qui est très nuisible sous bien des rapports.

22. Le binage a pour but d'ameublir légèrement la terre au pied des plantes, telles que les betteraves, les carottes, le colza, le maïs, etc. Il est très utile surtout dans les terres argileuses.

23. Lorsque les récoltes sont en lignes, on se sert de la *houe à cheval*. C'est un instrument composé de plusieurs socs fixés à un bâti en bois, et avec lequel on détruit les mauvaises herbes; il permet d'exécuter rapidement le binage et rend ainsi de grands services à ceux qui ont une étendue considérable de plantes sarclées.

24. Quand les récoltes ne sont pas en lignes, on bine à

la main avec une *binette*, ou *serfouette;* le travail est plus long qu'avec la houe à cheval, mais aussi il est mieux fait.

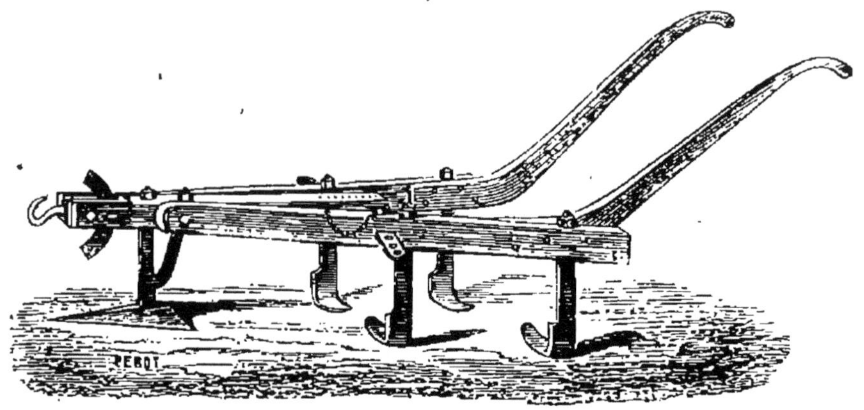

Fig. 11. — Houe à cheval.

25. L'*extirpateur* est un instrument muni de plusieurs socs plats et triangulaires qui coupent les racines des plantes qu'ils rencontrent ; en outre, il remue la terre sans la retourner. On s'en sert pour détruire le chiendent et autres mauvaises herbes vivaces, ainsi que pour ameublir la terre ; il est très utile.

Fig. 12. — Scarificateur.

26. Le *scarificateur* est un instrument qui ressemble à l'extirpateur, avec cette différence qu'au lieu de socs il est muni d'espèces de couteaux qui coupent la terre verticalement.

Semailles. Choix des semences.

SOMMAIRE. — 27. En quoi consistent les semailles. — 28. Choix de la semence. — 29. Circulaire ministérielle. — 30. Importance du choix des semences. — 31. Chaulage des semences. — 32. Epoque des semailles. — 33. Différentes manières de semer. — 34. Semailles au semoir. — 35. Profondeur à laquelle la semence doit être enterrée. — 36. Quantité de semence à employer.

27. Les semailles consistent à répandre les graines sur un sol préparé à les recevoir, et à les enterrer à une certaine profondeur.

28. La première chose à faire, c'est de choisir de bonne semence, car les graines les plus parfaites donnent toujours les plus belles récoltes. Pour apprécier la qualité des graines, on en fait germer une certaine quantité avant de les semer. En général, les semences nouvelles sont préférables à celles qui sont vieilles.

29. Il faut s'assurer que les semences sont bien pures et ne se trouvent pas mélangées avec des graines étrangères ; car, comme le fait remarquer fort judicieusement M. le Ministre de l'Agriculture dans une *Circulaire* relative à cette question :

« Les conséquences de l'emploi de mauvaises semences ne consistent pas uniquement dans la perte de la valeur des semences ; le dommage est plus grand. Ces semences compromettent le résultat de la campagne ; or, une récolte manquée ou mal venue, c'est le travail d'une saison, d'une année souvent, perdu ; ce sont les frais de culture, de semaille, de fumure faits inutilement ; c'est une année de fermage sacrifiée ; enfin ce sont les champs envahis par les mauvaises herbes, et, par suite, des dépenses de culture supplémentaires, qui grèveront d'autant la récolte de l'année suivante.

» Il suit de là que la plus petite négligence sous ce rapport a des conséquences bien plus graves qu'on ne serait enclin à le croire au premier abord. En agriculture, on ne saurait trop le répéter, il n'y a pas de petites pertes à négliger, comme il n'y a pas de petits profits à dédaigner.

» Ainsi, dans le cas actuel, que 5 pour 100 seulement des semences employées par l'agriculture française soient de mauvaise qualité, mal choisies, ce n'est pas une perte sèche de 25 à 30 millions qu'il faut compter, il faut quadrupler cette somme. »

M. le Ministre indique, en terminant, comment les cultivateurs peuvent s'assurer de la qualité des semences qu'ils sont obligés d'acheter au commerce, surtout quand il s'agit de graines fines d'une grande valeur, comme celles des prairies naturelles et artificielles, qui sont souvent falsifiées et mélangées de mauvaises graines ; c'est de faire examiner un échantillon de ces semences par le *bureau de contrôle* créé en 1884 au siège de l'Institut agronomique à Paris, sous le nom de *Station d'essais des semences*.

Cette création a déjà rendu et continuera à rendre de grands services aux cultivateurs qui exigent, comme pour les engrais, une garantie des marchands, en les obligeant à indiquer sur leur facture le degré et la valeur germinative des graines ; le compte est réglé d'après les conditions et les résultats de l'examen auquel l'échantillon de ces semences a été soumis.

30. Je crois devoir insister sur cette question du choix des semences, car elle a une très grande importance : il est facile de s'en rendre compte par des chiffres.

Dans un hectare ensemencé en blé, il y a environ 3 millions d'épis contenant chacun de 10 à 30 grains en moyenne. Que, par un procédé très simple, on obtienne seulement, par épi, 5 ou 6 grains de plus ; cela fera une augmentation de 18 millions de grains par hectare. Comme il faut à peu près 2 millions et demi de grains pour faire un hectolitre, cela donnera 7 hectolitres de plus par hectare.

On parle quelquefois de l'éloquence des chiffres : je crois que ceux-ci sont de nature à convaincre les cultivateurs les plus routiniers. Mais quel procédé faut-il employer ? Le voici : D'après une loi naturelle incontestable, les grains provenant de petits épis donnent de petits épis, de même que ceux qui sont fournis par de beaux épis produisent de beaux épis : il suffit donc de choisir, au moment de la moisson, les plus beaux épis, sur les tiges les plus droites et ayant le mieux tallé, dans un carré où on a laissé le blé mûrir davantage ; on peut couper les extrémités de chaque épi, attendu que les grains y sont moins gros. Avec une centaine d'épis ainsi choisis, on obtiendra, l'année suivante, de quoi ensemencer une étendue considérable.

Si ce procédé était suivi dans tous les départements, comme il y a plus de 7 millions d'hectares cultivés en blé, cela ferait, en plus, 50 millions d'hectolitres ; la récolte annuelle étant de 100 millions d'hectolitres, on augmenterait ainsi la production de moitié. Est-ce possible ! dira-t-on : les chiffres viennent de le montrer. Comment se fait-il donc que tous les cultivateurs n'emploient pas ce procédé si simple et si lucratif ? C'est parce qu'ils ne le connaissent pas.

On a calculé qu'il suffirait de faire produire à l'hectare à peine 2 hectolitres en plus pour que la France pût se suffire à elle-même ; de telle sorte que, si on augmentait de 7 hectolitres le rendement de l'hectare par le procédé relatif au choix des semences, notre pays deviendrait exportateur de blé au lieu d'être importateur.

Cette augmentation de 7 hectolitres par hectare représente une augmentation de revenu net de plus de 100 francs par hectare, même en mettant l'hectolitre de blé au plus bas prix : 15 francs ($15^{fr} \times 7 = 105^{fr}$). En multipliant cette somme par les 7 millions d'hectares ensemencés en blé, on aura un accroissement de notre richesse agricole de plus de 700 millions de francs !

Je ne parle pas de la culture de ces nouvelles variétés de blé très productives qui, dans certaines conditions de terrain et de climat, donnent jusqu'à 40 hectolitres par hectare, car elles ne s'acclimatent pas indifféremment dans tous les départements, et l'on pourrait s'exposer, en les recommandant, à des mécomptes fâcheux ; tandis qu'avec le procédé du *choix des semences*, qui est infaillible, on est sûr d'arriver toujours à de bons résultats, en opérant sur les blés du pays.

On pourrait aussi obtenir une augmentation de rendement dans le poids du grain en choisissant, parmi les épis les plus beaux, les grains les plus gros et les mieux conformés. On les sème, en les espaçant, dans un terrain bien préparé. On choisit encore, dans la récolte qui en provient, les grains les plus beaux et les plus lourds. Des essais ont déjà été faits, en très petit nombre il est vrai, avec les blés du pays, et ils ont donné des résultats tout à fait satisfaisants. Avec des grains de blé pesant chacun $0^{gr},05$ on a obtenu, la première année, des grains pesant $0^{gr},065$, près de $0^{gr},07$. Nul doute qu'on n'arrive ainsi à augmenter de moitié le poids du blé.

De telle sorte qu'avec ces deux procédés combinés, on parviendrait tout simplement à ce résultat merveilleux, mais parfaitement exact, de *doubler* le rendement actuel.

31. Ordinairement, on chaule les graines de froment avant de les semer. Le chaulage consiste à tremper les graines dans un lait de chaux, afin de les préserver de certaines maladies : rouille, charbon, carie, etc. On peut ajouter au lait de chaux du sulfate de soude ou du sulfate de cuivre.

32. L'époque des semailles varie, surtout d'après la nature des terrains. Les terres argileuses doivent être ensemencées avant les sols légers. En général, il vaut mieux semer trop tôt que trop tard, surtout les céréales ; et plus le climat est froid, plus l'ensemencement doit être précoce.

Il est inutile de faire tremper les graines avant de les semer : cela peut même avoir de graves inconvénients.

33. On sème de deux manières : *à la volée* et *au semoir*.

La première est la plus employée ; il faut que la semence soit répartie également, ce qui demande de l'habileté de la part du semeur, qui doit marcher d'un pas régulier. En outre, elle ne peut se pratiquer que par un temps calme, car, s'il fait du vent, l'opération s'exécute mal.

34. Avec le semoir, au contraire, on sème en tout

temps. De plus, cet instrument distribue les graines également, en lignes, ce qui permet de sarcler et de biner les récoltes; il économise près d'un tiers de la semence et favorise le développement ultérieur de la plante, parce qu'il permet à l'air et à la lumière de pénétrer plus facilement entre les lignes.

35. Les graines sont enterrées à une profondeur plus ou moins grande, selon leur grosseur. En principe, plus la température est chaude et le sol léger, plus la semence doit être enterrée profondément, surtout au printemps.

36. La quantité de semence à employer dépend de la nature du terrain. Ce qu'il faut obtenir, c'est que les plantes couvrent à peu près toute la surface du champ, sans être gênées.

Quand le sol est fertile et bien préparé, il faut moins de graines, parce que les plantes poussent vigoureusement et ont besoin d'une étendue plus considérable pour se développer.

RÉCOLTES

Fenaison. Faucheuse. Faneuse. Râteau à cheval.

SOMMAIRE. — 37. Les récoltes. — 38. La fenaison. — 39. Fauchage. — Faucheuse mécanique. — 40. Fanage. — Faneuse mécanique. — 41. Râteau à cheval. — 42. Utilité de ces trois instruments. — 43. Conservation du foin. — 44. Récolte des prairies artificielles.

37. Les récoltes sont faciles à faire; cependant il y en a qui exigent la connaissance de quelques notions et qui demandent plus de soin et d'attention que d'autres; telles sont la *fenaison*, ou récolte des fourrages, et la *moisson*, ou récolte des céréales.

38. La *fenaison* consiste à couper l'herbe et à la faire sécher pour la convertir en foin ; elle comprend deux opérations distinctes : le *fauchage* et le *fanage*.

39. Le *fauchage* se fait le plus ordinairement à la faux, lorsque l'herbe est en pleine floraison : c'est le moment le plus convenable. Il s'exécute très bien et beaucoup plus vite à l'aide d'une machine appelée *faucheuse mécanique*. Elle se compose de deux roues motrices qui, au moyen d'engrenages, communiquent un mouvement de va-et-vient à une scie placée horizontalement ; elle est munie d'un siège pour le conducteur.

40. Le *fanage* se fait au moyen d'une fourche avec laquelle on retourne et on éparpille l'herbe, après que celle-ci est restée en *andains* pendant un certain temps ;

Fig. 13. — Faneuse.

mais il s'exécute encore mieux et plus rapidement avec la *faneuse mécanique*. C'est une machine formée d'un tambour ou cylindre sur lequel sont fixés un certain nombre de râteaux munis de longues dents recourbées. Ces dents enlèvent l'herbe préalablement rangée en andains, et la laissent ensuite retomber dans toutes les directions.

41. Pour réunir l'herbe en andains après qu'elle a été coupée, on se sert de râteaux, ou mieux d'une machine appelée *râteau à cheval*, qui est traînée par un cheval, ainsi que la faucheuse et la faneuse. C'est une espèce de râteau de 2 mètres de large, formé de dents recourbées, qui sont articulées ; il prend d'un seul trait une grande largeur et réunit promptement le foin en tas ; il peut faire le travail de vingt ouvriers.

S'il pleut avant que le fanage soit terminé, il faut mettre le foin en meulons, c'est-à-dire en tas, afin qu'il ne mouille pas.

42. La faucheuse, la faneuse et le râteau à cheval sont des instruments qui rendent de grands services. Les deux derniers ne sont pas très chers ; ils sont faciles à construire et à réparer : l'économie qu'ils procurent ne tarde pas à rembourser le prix qu'ils ont coûté.

Fig. 14. — Râteau à cheval.

43. Quand le foin est sec, on le rentre dans les granges et dans les greniers, ou bien, ce qui vaut encore mieux, on en fait de grandes meules, auprès de la ferme ; mais, ce qu'il faut éviter avec soin, c'est de le laisser mouiller après qu'il est fané.

44. La récolte des prairies artificielles, trèfle, luzerne, sainfoin, se fait comme celle du foin ; seulement le fanage doit être exécuté doucement, afin de ne pas détacher les feuilles, qui sont la partie la plus nourrissante de ces plantes ; au lieu d'éparpiller les andains, on ne fait que les retourner avec précaution.

Moisson. Moissonneuse. Machine à battre. Tarare.

SOMMAIRE. — 45. La moisson. — Instruments employés. — 46. Faucille. — 47. Faux. — 48. Sape. — 49. Moissonneuse. — 50. Enlèvement des gerbes. — 51. Battage. Machine à battre. — 52. Nettoyage. Tarare. — 53. Conservation de la récolte.

45. La *moisson* est la récolte des céréales, telles que blé, seigle, orge, avoine. Elle doit se faire un peu avant la complète maturité des grains, parce que, s'ils étaient tout à fait mûrs, une partie tomberait et serait perdue : elle a lieu en juillet, quand la paille et l'épi sont jaunes.

On laisse mûrir complètement les épis que l'on réserve pour la semence.

Pour moissonner, on se sert de la *faucille*, de la *faux* ou de la *sape*.

46. La *faucille* est une lame d'acier courbée en demi-, cercle, munie de dents très fines, et dont l'extrémité est fixée dans une poignée en bois. Elle n'exige pas une grande force, ce qui fait que les femmes et les jeunes gens peuvent s'en servir : c'est son seul avantage. Pour moissonner avec la faucille, on saisit une poignée de tiges de la main gauche et on la coupe de la main droite ; ces tiges sont mises immédiatement les unes sur les autres en forme de *javelles*. La paille est moins longue que lorsqu'on se sert de la faux.

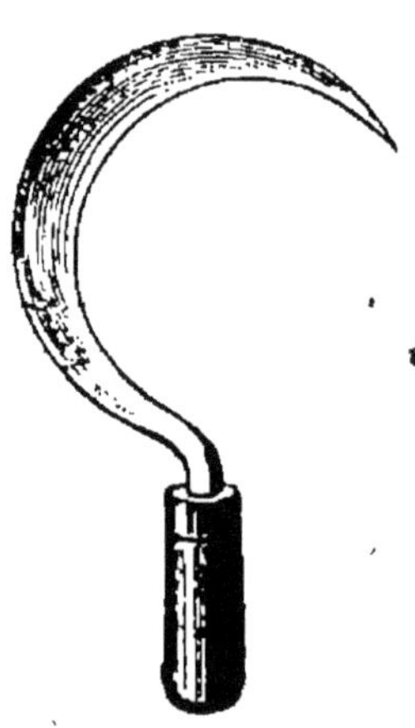

Fig. 15. — Faucille.

47. La *faux* est plus expéditive que la faucille, mais elle est aussi bien plus fatigante, et ne peut être maniée que par des hommes robustes. On fixe ordinairement au manche une espèce de treillage ou râteau qui réunit les épis en javelles. La faux a un inconvénient : c'est qu'elle égrène les épis lorsque la maturité est un peu avancée.

48. La *sape* est une espèce de petite faux à manche court, avec laquelle l'ouvrier coupe de la main droite les

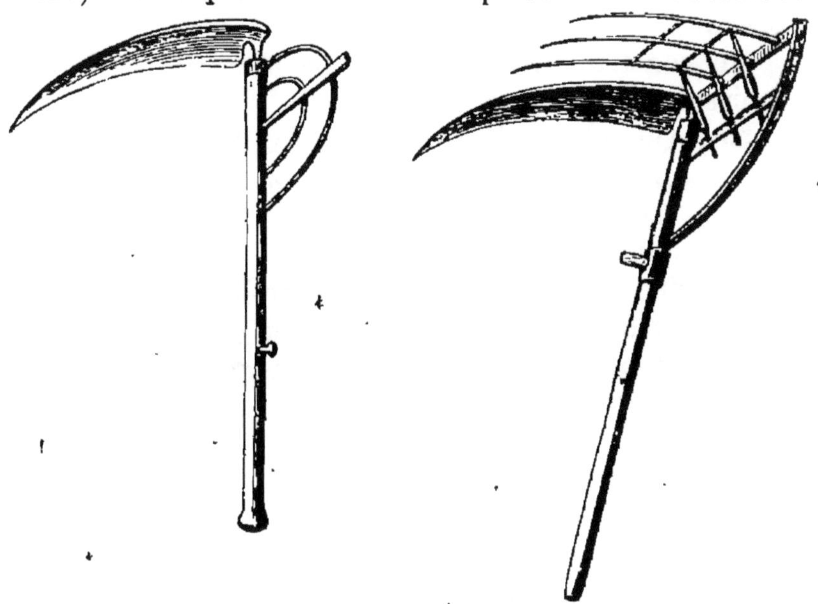

Fig. 16 et 17. — Faux.

tiges qu'il a rassemblées avec un crochet qu'il tient dans sa main gauche. Avec cet outil, on fait presque deux fois plus d'ouvrage qu'avec la faucille.

Fig. 18. — Sape.

49. Mais le meilleur instrument pour les domaines un peu importants, c'est la *moissonneuse*, dont la pièce principale est une scie horizontale formée d'une rangée de ciseaux qui coupent les tiges et les laissent retomber sur une plate-forme en bois. La machine est munie de râteaux qu'elle met en mouvement et qui forment les javelles. Elle a un siège pour le conducteur et est traînée par deux chevaux.

On construit maintenant, pour la petite culture, des moissonneuses à un cheval.

50. Quand le blé a été coupé, on le lie en gerbes; on rentre celles-ci dans les granges, ou bien on en fait des meules. Lorsque la pluie empêche les gerbes de sécher, on fait des *moyettes*. Voici comment : On place plusieurs gerbes debout, inclinées les unes sur les autres, et on les couvre avec une autre gerbe, dont on desserre le lien; on l'ouvre et on la pose, les épis en bas, sur le sommet des autres, dont elle cache les épis.

51. Quand les céréales sont récoltées, il faut séparer le grain de la paille par le battage. Cette opération s'exécutait autrefois à l'aide du fléau; elle était très longue et très fatigante; elle se fait presque partout maintenant avec des *machines à battre*, mues par des manèges ou par des machines locomobiles à vapeur. Grâce à ces instruments, le battage s'exécute plus vite et est bien plus économique.

La partie principale de la machine à battre est le batteur; c'est, généralement, un cylindre composé de barres de fer espacées et fixées à deux disques qui forment les extrémités du cylindre. Celui-ci tourne très vite sur son axe et est enveloppé par une moitié de cylindre creux, garni aussi de barres de fer. On place les épis entre les deux cylindres, qui détachent le grain de la paille.

52. Pour nettoyer les grains, on se sert du *tarare*. C'est un instrument qui produit un courant d'air, au moyen d'ailes de bois, et qui nettoie très bien le grain.

53. On serre le grain dans des greniers, en couches peu épaisses, que l'on remue de temps à autre. Il faut, pour qu'il puisse s'y conserver, que les greniers soient secs, bien aérés, et que les murs soient entretenus avec soin, pour qu'il n'y ait pas de crevasses dans lesquelles pourraient se réfugier les rats et les souris.

TROISIÈME PARTIE

LES VÉGÉTAUX AGRICOLES

I. — CÉRÉALES

Blé. Seigle. Méteil. Orge.

SOMMAIRE. — 1. Division des végétaux agricoles. — Principales plantes alimentaires. — 2. Céréales. — 3. Froment. — 4. Terre qui convient le mieux au blé. — 5. Hersage et roulage des blés. — 6. Produit de l'hectare. — 7. Seigle. — 8. Son rendement. — 9. Méteil. — 10. Orge.

1. Les végétaux agricoles comprennent des *plantes alimentaires*, des *plantes fourragères* et des *plantes industrielles*.

Les principales plantes *alimentaires*, c'est-à-dire servant surtout à la nourriture de l'homme sont : les *céréales*, les *graines légumineuses* et la *pomme de terre*.

2. On appelle *céréales* les plantes dont les grains servent d'aliment à l'homme et aux animaux domestiques.

Les céréales les plus utiles sont : le *blé* ou *froment*, le *seigle*, l'*orge*, l'*avoine*, le *maïs*, le *sarrasin* ou *blé noir*, auxquels on peut ajouter le *millet* et le *sorgho*.

3. BLÉ. — Le *blé* ou *froment* est la plus précieuse des céréales ; son grain, converti en farine, donne le pain le plus nourrissant ; il renferme, sous un petit volume, une grande quantité de substances nutritives.

L'enveloppe du grain forme le son, qui sert à nourrir les animaux, et la paille fournit la litière qu'on met sous les bestiaux.

Fig. 19.
Blé
ou froment.

Les deux principales variétés de blé sont : les *blés barbus*, dont les grains sont terminés par des espèces de pointes ou barbes; que l'on cultive surtout dans le Midi, et les *blés à épis sans barbes*, cultivés principalement dans le Nord.

Au point de vue de la culture, on les divise en *blés d'hiver* ou *d'automne*, qui se sèment à la fin de l'automne, et en *blés de printemps* ou *blés de mars*, qui se sèment en mars : les premiers sont préférables.

4. La terre qui convient le mieux au blé est une terre forte, c'est-à-dire contenant en assez grande quantité de l'argile et de la chaux ; il faut qu'elle soit assez fumée. On le sème de bonne heure, généralement en octobre, à raison de 120 à 150 litres à l'hectare.

5. On doit, au printemps, donner aux blés comme aux autres céréales, un bon hersage, afin de briser la croûte formée à la surface du sol par les vents secs du mois de

mars. Si cette croûte restait, elle empêcherait les végétaux de taller, c'est-à-dire de produire un grand nombre de tiges. Lorsque les plantes ont été soulevées, déchaussées par les gelées, il faut faire passer le rouleau dessus : cette opération est indispensable.

On peut biner, au printemps, le blé semé en lignes.

6. Une bonne terre produit de 18 à 20 hectolitres de grain par hectare; l'hectolitre de blé pèse environ 75 kilogrammes. En France, le rendement moyen est de 15 hectolitres environ.

7. SEIGLE. — Le *seigle* est aussi une plante très utile, car il peut réussir dans les terrains pauvres, où le froment ne saurait venir; en outre, la farine de seigle, quoique moins blanche et moins nourrissante que celle du froment, fait de bon pain quand elle est mélangée avec cette dernière. Le seigle préfère les terres

Fig. 20.
Seigle.

légères ; cependant, il réussit dans tous les terrains, pourvu qu'ils ne soient pas trop humides. Sa paille est très employée pour faire des liens.

On voit quelquefois sur le seigle des grains noirs appelés *ergots*, qui doivent être enlevés avec soin, car c'est un poison.

8. Il produit environ 20 hectolitres par hectare. Dans les bonnes terres, il peut donner jusqu'à 30 et 35 hectolitres.

9. MÉTEIL. — Quand on sème le seigle et le froment mélangés, cela s'appelle du *méteil;* il faut avoir soin de choisir une variété de blé hâtive, parce que le seigle mûrit toujours avant le froment. Le pain de méteil est bon et nourrissant; il est composé d'un tiers de blé et de deux tiers de seigle.

10. ORGE. — L'*orge* est une des céréales qui produisent le plus de grain, quand elle est cultivée dans les terres qui lui conviennent, c'est-à-dire dans les sols argilo-siliceux et dans les terrains calcaires bien ameublis. Elle peut donner jusqu'à 50 hectolitres de grain par hectare; en moyenne, elle produit de 30 à 35 hectolitres. Elle est surtout utilisée pour la fabrication de la bière dans le Nord et pour la nourriture des bestiaux dans le Midi; on en fait aussi des tisanes très rafraîchissantes.

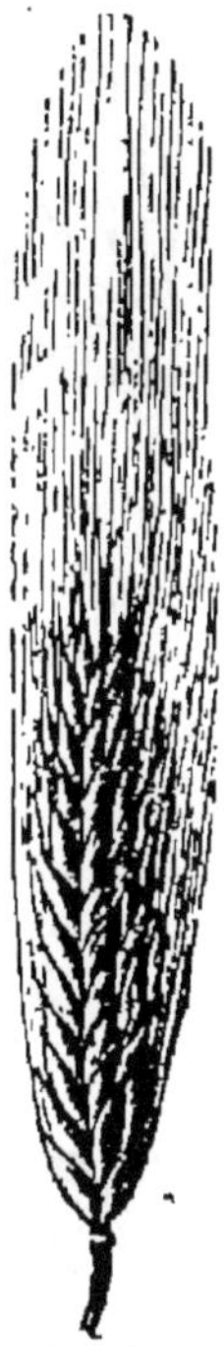

Sa farine ne peut servir à faire du pain que lorsqu'elle est mêlée avec celles du froment et du seigle.

Fig. 21.
Orge.

Avoine. Maïs. Sarrasin. Millet. Sorgho.

SOMMAIRE. — 11. Usage de l'avoine. — 12. Ce que c'est que le maïs. — 13. Utilité du sarrasin. — 14. Culture du millet. — 15. Sorgho.

11. AVOINE. — L'*avoine* n'est guère employée pour la nourriture de l'homme; on la cultive pour nourrir les animaux et surtout les chevaux. Il y en a plusieurs variétés qui se distinguent par la couleur de leur grain : les meilleures sont l'*avoine noire* de Brie et l'*avoine, jaune* du Nord. Cette céréale n'est pas difficile sur la qualité des terres, pourvu qu'elles ne soient pas très fortes; c'est même la seule plante qui puisse être cultivée avec succès sur les pentes des montagnes. Elle préfère cependant les terrains frais, à la condition qu'ils ne soient pas trop humides. On en récolte beaucoup dans le nord de la France.

Elle se sème ordinairement en mars, excepté l'*avoine d'hiver*, qui se sème en septembre, mais qui ne réussit généralement pas si bien que l'*avoine de printemps*.

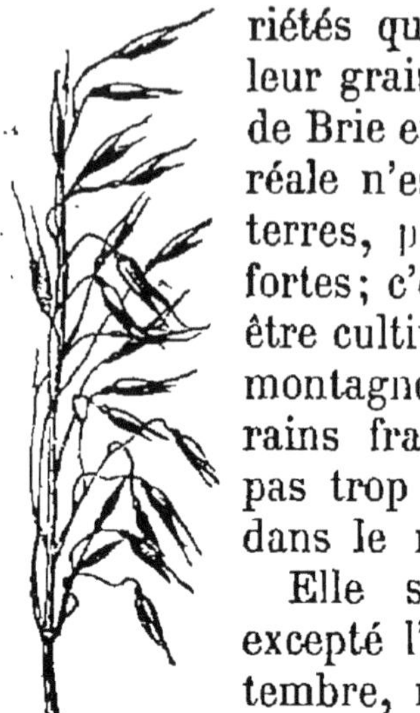

Fig. 22.
Avoine.

Son rendement varie beaucoup, depuis 30 à 40 hectolitres jusqu'à 50 et 60 hectolitres par hectare.

Fig. 23. — Maïs.

12. MAÏS. — Le *maïs*, qu'on appelle improprement *blé de Turquie* puisqu'il est originaire de l'Amérique du Sud, est la plus productive des céréales. Ses grains constituent une excellente nourriture pour les animaux, surtout pour les volailles qu'on veut engraisser. On le cultive aussi pour la nourriture de l'homme; alors, sa farine est convertie en bouillies connues sous le nom de *gaudes*. La culture du maïs est surtout profitable dans le Midi, où il peut donner plus de 60 hec-tolitres par hectare. Au nord de la Loire, on ne peut cul-tiver que les espèces à tiges basses, qui rendent bien moins.

On le sème généralement vers la fin d'avril, quand les gelées ne sont plus à craindre ; on le sème en lignes espacées de 0^m,50 à 0^m,60 et on le butte au moins deux fois avant que l'épi ne soit formé. On pince l'extrémité de la tige quand la floraison est terminée ; la récolte se fait en octobre.

La meilleure fumure pour le maïs, c'est l'engrais hu-main étendu d'eau.

13. SARRASIN. — Le *sarrasin* ou *blé noir* est cultivé en Bretagne pour la nourriture de l'homme ; il y tient lieu du blé, que le sol ne peut produire. On emploie sa farine sous forme de bouillies ou de galettes assez nutri-tives. Ses grains sont très utiles pour la nourriture des bestiaux et de la volaille. On le cultive aussi en Vendée et dans le Plateau central.

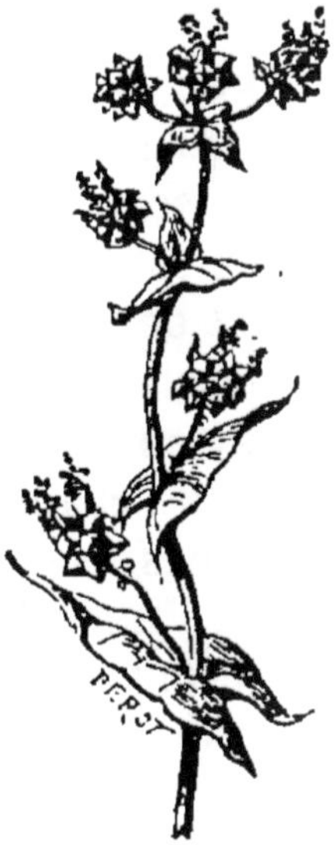

Il se contente des plus mauvaises terres ; celles qu'il préfère sont les terres légères, ainsi que les terrains graniti-ques. On le sème à la volée vers le mois de mai. Il peut servir d'engrais en l'enter-rant quand il est en fleurs.

Un grand avantage du sarrasin, c'est qu'il nettoie parfaitement le sol et n'y

Fig. 24. — Sarrasin

souffre pas d'autres plantes. Sa paille est utilisée comme litière ; elle forme du fumier qui contient beaucoup de potasse.

14. MILLET. — Le *millet* est peu cultivé pour la nourriture de l'homme, car son grain n'est comestible que lorsqu'il a été décortiqué, c'est-à-dire dépouillé de son écorce ; on le mange alors sous forme de gruau ou de semoule. On l'emploie plutôt pour nourrir les oiseaux de basse-cour. Il préfère les terres chaudes et légères.

15. SORGHO. — Le *sorgho* est cultivé pour ses graines,

qui ont le même usage que celles du millet, et en outre pour ses tiges, qui servent à faire des balais. Il peut, comme le millet, fournir un excellent fourrage quand il est fauché avant le développement des épis.

II. — GRAINES LÉGUMINEUSES.

Sommaire. — 16. Principales graines légumineuses. — 17. Haricots. — 18. Culture des pois. — 19. Fèves. — 20. Culture des lentilles.

16. Les principales *graines légumineuses* cultivées en France sont : les *haricots*, les *pois*, les *fèves* et les *lentilles*. Elles servent à la nourriture de l'homme.

Ce sont les plantes les plus précieuses, après le blé, au point de vue de notre alimentation, car ce sont elles qui renferment le plus de principes azotés.

17. Haricots. — Les *haricots* sont surtout cultivés dans les champs pour être vendus ou consommés comme légumes secs. Leur culture, très répandue dans le nord-est de la France, n'est pas difficile ; seulement, ils craignent beaucoup les gelées ; c'est pourquoi il ne faut les semer que lorsqu'elles ne sont plus à redouter. On les dispose toujours en lignes, on les bine et on les butte. Il y a des *haricots nains*, et des *haricots à rames*, c'est-à-dire qui ont besoin de rames ou branches pour les soutenir.

Le haricot vient à peu près dans tous les terrains, pourvu qu'ils ne soient pas humides : cependant, il préfère les terres légères, assez fumées. Il y a différentes espèces de haricots ; les plus avantageux pour la vente sont les blancs ; ce sont ceux que les acheteurs préfèrent, parce qu'il est facile de reconnaître s'ils sont vieux ; dans ce cas, ils ont, en effet, la peau tachée ou jaunâtre, tandis que celle des haricots de couleur ne change pas en vieillissant. Un hectare de bonne terre donne en moyenne 25 hecto-litres de grains. Le haricot de *Soissons* est très productif.

18. POIS. — Ils sont surtout cultivés dans les jardins et se consomment à l'état frais sous le nom de *petits pois*. Ils aiment, comme les haricots, une terre légère; mais il faut qu'elle ait été fumée l'année précédente, parce que, dans un champ fraîchement fumé, ils poussent de longues tiges, mais donnent peu de graines. Ils sont bien moins sensibles au froid que les haricots; aussi, on peut les semer de bonne heure au printemps.

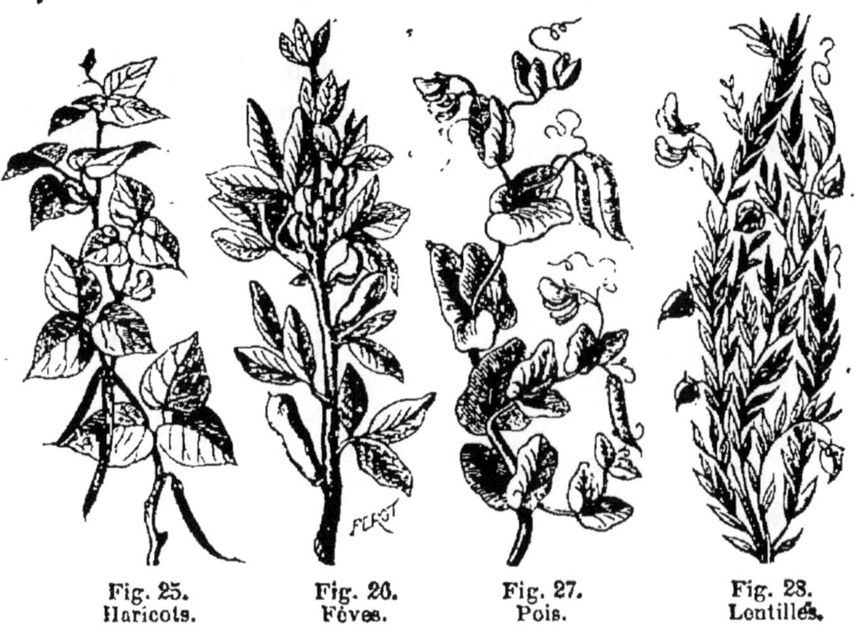

<table>
<tr><td>Fig. 25.
Haricots.</td><td>Fig. 26.
Fèves.</td><td>Fig. 27.
Pois.</td><td>Fig. 28.
Lentilles.</td></tr>
</table>

19. FÈVES. — Les *fèves* ne se cultivent pas dans les mêmes terrains que les haricots et les pois; elles veulent des terres fortes et fertiles, un peu fraîches. On les sème en mars, et, quand elles sont en fleurs, on pince l'extrémité des tiges; c'est le meilleur moyen de les débarrasser des pucerons qui les attaquent assez souvent; en outre, ce procédé augmente le rendement.

20. LENTILLES. — Les *lentilles* doivent être semées, comme les pois, dans une terre légère qui ait été fumée l'année précédente; elles sont très nourrissantes et sont considérées comme un des meilleurs légumes secs.

III. — POMME DE TERRE.

Sommaire. — 21. Ce que c'est que la pomme de terre. — 22. Parmentier, un bienfaiteur de l'humanité, propage ce précieux tubercule. — 23. Culture de la pomme de terre.

21. La *pomme de terre* est une des plantes les plus utiles pour la nourriture de l'homme et des animaux. Avec elle, on n'a plus à craindre ces affreuses disettes qui faisaient mourir de faim une partie de la population ; aussi doit-on considérer comme un bienfaiteur de l'humanité le Français qui a répandu la culture de ce précieux tubercule.

Fig. 29. — La pomme de terre.

22. Il se nomme Parmentier. Il avait été prisonnier en Allemagne ; on ne lui donnait que des pommes de terre à manger, de sorte qu'il put apprécier la valeur de cette plante. De retour en France, il voulut propager ce tubercule, dont on ignorait l'utilité. Parmentier, après bien des essais infructueux, ne se découragea pas, et, pour forcer les gens à cultiver la pomme de terre, il employa cette ruse, qui est bien connue.

Ayant obtenu du roi Louis XVI la permission de planter des pommes de terre dans un vaste terrain, il fit publier dans les villages voisins, lorsqu'elles furent mûres, qu'il était défendu, sous les peines les plus sévères, de toucher à la récolte ; et il fit garder le champ pendant le jour seulement. Les habitants, voyant que cette plante était surveillée avec tant de soin, se demandaient ce que cela pouvait être, et pensaient qu'elle était bien précieuse. Aussi, dès que la nuit était venue, ils volaient les pommes de terre et les emportaient à pleins sacs ; au bout de quelques jours, il n'en restait plus. On raconte que l'excellent Parmentier en pleurait de joie : il pensait aux services que rendrait à son pays la culture de cette plante. La ville de Montdidier, où il est né, lui a élevé une statue : il l'a bien méritée.

Aujourd'hui plus d'un million d'hectares sont consacrés en France à la production de ce tubercule.

23. La culture de la pomme de terre n'est pas difficile; c'est une plante qui vient à peu près dans tous les terrains, pourvu qu'ils soient bien labourés et fumés; il ne faut pas qu'ils soient trop compacts. On doit choisir les meilleurs tubercules, et non pas les plus petits, comme on le fait souvent. Quand ils sont trop gros, on peut les couper, mais il faut faire cela deux ou trois jours avant de les planter; car, si on ne les coupait qu'au moment de la plantation, ils pourriraient dans la terre. On les dépose dans des trous, à une profondeur de $0^m,10$ environ, en mars et en avril. Lorsque les pommes de terre sont bien levées, on donne un binage pour ameublir la croûte qui s'est formée à la surface de la terre; puis, quand les tiges sont un peu hautes, on les butte. On les arrache en août ou en septembre, et on les conserve à la cave ou dans un endroit sec, à l'abri des gelées.

IV. — PLANTES FOURRAGÈRES.

Prairies.

SOMMAIRE. — 24. Ce qu'on entend par plantes fourragères. — 25. Deux sortes de prairies. — 26. Prairies naturelles.—27. Prairies artificielles.

24. Les *plantes fourragères* sont celles qui forment le fourrage, c'est-à-dire la nourriture des bestiaux. Elles sont précieuses et rendent les plus grands services au cultivateur en lui fournissant les moyens d'avoir beaucoup de bétail, qui produira beaucoup d'engrais. Elles comprennent les *prairies* et les *racines fourragères*.

25. Les prairies se divisent en *prairies naturelles* et en *prairies artificielles*.

26. PRAIRIES NATURELLES. — Les prairies naturelles sont ainsi appelées parce qu'elles ont poussé naturellement, d'elles-mêmes. On peut en former en semant les graines des plantes qui les composent.

Elles peuvent rester assez longtemps sans être fumées; elles réclament peu de soins et exigent peu de dépenses. Cependant, il faut arracher la mousse et les mauvaises herbes qui y croissent toujours, car elles nuiraient à la qualité du foin si on ne les détruisait pas.

L'irrigation leur fait produire des résultats magnifiques.

27. PRAIRIES ARTIFICIELLES. — Les prairies artificielles sont ainsi appelées parce qu'elles sont formées artificiellement par les hommes, et n'existent que pendant quelques années. Elles sont très utiles, attendu que les plantes que l'on y cultive, outre les services qu'elles rendent comme fourrage, améliorent les terrains où elles ont vécu; en effet, elles puisent dans l'air une grande partie de leur nourriture, et leurs longues racines, qu'on laisse pourrir dans la terre, fournissent à celle-ci une assez grande quantité de principes fécondants. De plus, elles ont l'avantage de prospérer dans les terrains peu fertiles, où les prairies naturelles ne produiraient rien.

Quand les animaux consomment ces plantes en vert, il faut veiller à ce qu'ils n'en mangent pas trop, surtout si elles sont mouillées : cela peut les faire mourir.

Principales plantes artificielles.

SOMMAIRE. — 28. Quelles sont les principales plantes artificielles? — 29. Luzerne. — 30. Trèfle. — 31. Effet du plâtre. Franklin. — 32. Trèfle incarnat. — 33. Sainfoin.

28. Les principales plantes fourragères artificielles sont : la *luzerne*, le *trèfle* et le *sainfoin*.

29. Luzerne. — La luzerne est la plante fourragère qui dure le plus longtemps, et qui est la plus productive. On la sème ordinairement dans une céréale de printemps. Elle vient bien dans tous les terrains, pourvu qu'ils soient profonds et qu'ils ne soient pas trop humides. C'est une plante remontante, c'est-à-dire qu'elle peut être coupée plusieurs fois et qu'elle repousse ensuite ; elle donne trois ou quatre coupes par an. Dans le Midi, où elle réussit le mieux, elle fournit, lorsqu'elle est arrosée, jusqu'à cinq et six coupes.

Une luzernière soignée et bien fumée dure de huit à dix ans.

30. Trèfle. — Le trèfle est une plante fourragère d'une grande importance ; outre qu'il donne un fourrage abondant et de bonne qualité, il améliore considérablement le sol et le prépare bien pour la culture des céréales. On le sème au printemps dans une céréale d'hiver, et l'année suivante il donne deux et quelquefois trois coupes de fourrage ; il préfère les terres légères aux terres fortes. Il ne doit pas revenir souvent dans le même terrain, car il finirait par ne plus rien produire.

31. Le plâtre a la propriété de faire pousser le trèfle vigoureusement. C'est un savant Américain, le célèbre Franklin, qui en a propagé l'emploi. Comme ses compatriotes ne voulaient pas croire ce qu'il leur disait, il eut l'idée de répandre du plâtre en poudre sur un champ de trèfle qui se trouvait sur le bord d'une route, de manière à tracer ces mots : CECI A ÉTÉ PLATRÉ. Au bout de quinze jours, la partie plâtrée avait poussé si vigoureusement qu'on pouvait lire l'inscription formée par le trèfle : les résultats parlaient d'eux-mêmes.

Le plâtre n'agit pas sur cette plante comme engrais, car ce n'en est pas un ; mais il rend soluble et par suite assimilable la potasse du sol, qui est un engrais que l'eau dissout et entraîne jusqu'aux racines du trèfle et de la luzerne.

32. Il y a une espèce de trèfle, appelée *trèfle incarnat* ou *farouche*, qui est très productive et en même temps très précoce ; en outre, ce trèfle se contente des terres peu fertiles ; comme il ne remonte pas, il ne donne qu'une seule coupe d'un fourrage excellent pour être consommé à l'état frais.

33. SAINFOIN. — Le sainfoin a l'avantage de prospérer dans les terres crayeuses, qui sont ordinairement stériles ; il donne une coupe, quelquefois deux ; c'est un fourrage précieux. Il faut avoir soin de le faucher dès qu'il est en fleurs ; il dure quatre ou cinq ans. Le plâtre lui est très favorable.

Racines fourragères.

SOMMAIRE. — 34. Principales racines fourragères. — 35. Navet. — 36. Culture de la betterave.— 37. Carotte.— 38. Topinambour.

34. On appelle *racines fourragères* les plantes dont les racines servent de nourriture aux animaux. Les principales sont : le *navet*, la *betterave*, la *carotte* et le *topinambour*. Elles sont d'une très grande utilité : elles nettoient et ameublissent le terrain ; elles donnent des produits abondants et constituent une nourriture fraîche pour les bestiaux pendant l'hiver.

35. NAVET. — En France, le navet est ordinairement cultivé en *récolte dérobée*, c'est-à-dire après une culture de céréales. Dès que cette dernière est enlevée, on laboure et on sème une variété hâtive ; quinze jours après qu'ils sont levés, on éclaircit les navets afin de les faire grossir et on les arrache en octobre avant les gelées : les bestiaux en sont friands.

36. BETTERAVE. — La betterave, qui est cultivée dans le Nord comme plante industrielle pour la fabrication du sucre, l'est aussi comme plante fourragère. Elle exige un terrain profond, meuble, bien préparé et auquel on a donné une forte dose de fumier et d'engrais. On la sème en mars ou en avril, en lignes ; on la sarcle et on la bine au moins deux fois ; la seconde fois, on éclaircit les plants. On les arrache en septembre ou en octobre, par un temps sec. Dans le Midi, on les emploie à l'engraissement des bœufs.

37. CAROTTE. — La carotte est une des plus précieuses racines fourragères, car elle convient à la nourriture de tous les animaux domestiques. Elle préfère les terres légères, sableuses; il faut avoir bien soin de ne jamais les culti-ver dans une terre fraîchement fumée , car elles fourcheraient, c'est-à-dire se divise-raient en une foule de petites racines ; on met toujours l'engrais avant l'hiver. Elles se sèment en lignes, au mois d'avril. On sarcle et on éclaircit, comme pour la betterave.

38. TOPINAMBOUR.— Le topinambour vient bien dans tous les ter-rains, même dans les plus mauvais. On le plante au printemps,

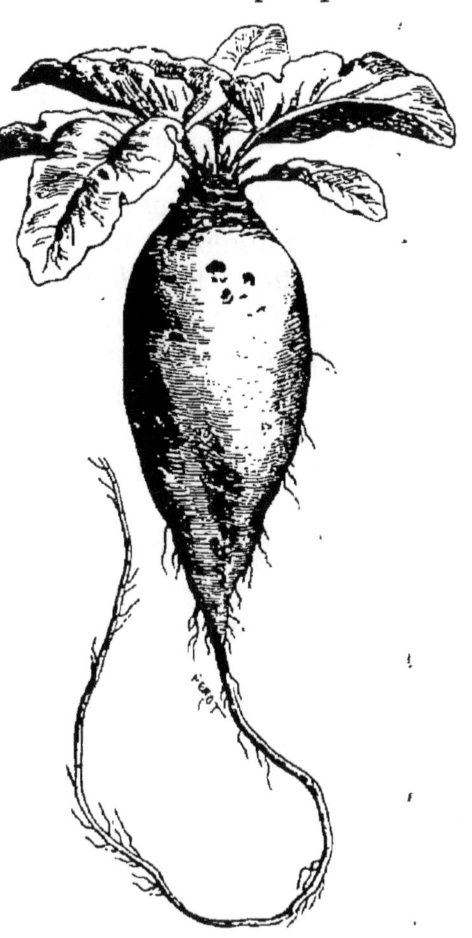

Fig. 30. — Betterave.

et on l'arrache quand on en a besoin, attendu qu'il peut passer l'hiver en terre ; il ne craint pas la gelée. Ses ra-cines fournissent aux bestiaux une nourriture rafraîchis-sante et saine, qu'ils aiment beaucoup. On en fait aussi de l'alcool de qualité inférieure.

V. - PLANTES INDUSTRIELLES

Plantes textiles.

Sommaire. — 39. Ce qu'on appelle plantes industrielles. — 40. Ce qu'on nomme plantes textiles. — 41. Culture du lin. Rouissage. — 42. Culture du chanvre. Sa récolte.

39. On appelle *plantes industrielles* celles qui sont employées à différents usages dans l'industrie. Ce sont les *plantes textiles*, les *plantes oléagineuses* et les *plantes tinctoriales*. On peut y ajouter le *tabac* et le *houblon*.

40. On nomme *plantes textiles* celles dont les fibres servent à former du fil, avec lequel on fait la toile : ce sont le *lin* et le *chanvre*.

41. Lin. — Le lin est une plante avec laquelle on fabrique de belles toiles fines ; c'est, en outre, une plante oléagineuse : ses graines donnent une huile employée en peinture. Le lin, qui exige une terre fertile et bien fumée, se sème en mars ou en avril ; il demande beaucoup de soins. Dans le Nord, on répand sur le sol une grande quantité d'engrais liquide avant ou après les semailles. Cette plante épuise considérablement la terre ; aussi ne peut-elle revenir sur le même sol qu'au bout de huit à dix ans. Il faut bien préparer le terrain par deux ou trois labours ; on sème environ 2 hectolitres par hectare, et on sarcle plusieurs fois. Quand les tiges prennent une teinte blonde, on les arrache et on les fait sécher, ce qui permet aux graines d'achever de mûrir.

Fig. 31. — Lin.

On fait subir ensuite aux tiges l'opération du *rouissage,* qui consiste à les laisser tremper dans l'eau pendant une dizaine de jours; après quoi on les met sécher, puis on les teille au moyen d'une *broie*, afin d'obtenir la filasse.

42. CHANVRE. — Le chanvre fournit une filasse un peu grossière, avec laquelle on fait des cordes, des cordages et de la toile; c'est aussi une plante oléagineuse, dont les graines, appelées *chènevis*, donnent une huile utilisée pour l'éclairage et la fabrication des savons communs.

Sa culture est analogue à celle du lin, mais il peut revenir plus souvent dans la même terre. La quantité de semence à employer varie suivant les produits qu'on veut obtenir. Si on le cultive pour sa graine, on sème plus clair, 3 ou 4 hectolitres par hectare; si c'est pour sa filasse, on sème plus épais, 5 ou 6 hectolitres par hectare.

Fig. 32. — Chanvre.

La récolte se fait à deux reprises différentes, parce qu'il y a deux sortes de tiges : le chanvre *mâle* et le chanvre *femelle*. On arrache d'abord le chanvre mâle, qui est mûr le premier, ce qu'on reconnaît à la couleur de ses tiges, qui jaunissent; ensuite, on arrache le chanvre femelle, quand la graine est d'un gris clair. Le rouissage de cette plante se fait comme celui du lin.

Plantes oléagineuses.

Sommaire. — **43.** Ce qu'on appelle plantes oléagineuses. — **44.** Ce que c'est que le colza. — **45.** Comment on le récolte. — **46.** Navette. — **47.** Pavot-œillette.

43. On appelle *plantes oléagineuses* celles dont les graines fournissent de l'huile. Les principales sont : le *colza*, la *navette* et le *pavot-œillette*.

44. Colza. — Le colza est une plante à fleurs jaunes dont les graines donnent une huile utilisée surtout pour l'éclairage : c'est la plus importante des plantes oléagineuses. Le *marc* ou *tourteau* sert à nourrir les bestiaux; on l'emploie aussi comme engrais. Il y en a deux variétés : le *colza d'été*, qui se sème en mai, et le *colza d'hiver*, qui se sème en août. Ce dernier est le plus cultivé en France et le plus avantageux.

Fig. 33. — Pied de colza.

Il produit d'autant plus de graines que le sol est meilleur; mais il se contente des terres ordinaires, pourvu qu'elles soient fumées convenablement. Quelques jours après que le colza d'hiver est levé, on le sarcle et on l'éclaircit. On le repique en octobre, et, quinze jours après la transplantation, on lui donne une forte fumure d'engrais liquide. Quand il commence à fleurir, vers le mois d'avril, on l'étête, c'est-à-dire qu'on enlève le sommet de la tige, afin de faire ramifier celle-ci : on augmente ainsi le rendement des graines qui, en outre, mûrissent toutes en même temps.

45. Lorsqu'elles sont mûres, on coupe les tiges avec de grandes précautions, pour ne pas faire tomber ces graines. On laisse sécher les tiges pendant deux ou trois jours, et on les bat en plein champ sur une grande toile.

S'il fait mauvais temps, on les rentre dans des charrettes qui sont garnies de toiles à l'intérieur, pour que les graines qui se détachent ne soient pas perdues.

Un hectare de colza produit en moyenne de 30 à 35 hectolitres de graines, dont chacun pèse 72 kilogrammes et donne le quart de son poids en huile.

46. NAVETTE. — La navette est une espèce de navet dont les graines fournissent une huile qui sert aussi pour l'éclairage. Cette plante est encore moins exigeante que le colza. Il y en a deux variétés : la *navette d'été*, qui se sème en mars ou en avril, et la *navette d'hiver*, qui se sème en septembre ou en octobre. Sa culture est la même que celle du colza ; la récolte n'exige pas tant de précautions, parce que les graines ne tombent pas aussi facilement. Le rendement est de 20 à 25 hectolitres par hectare.

Cette plante aime les terres légères, ou calcaires, pourvu qu'elles ne soient pas humides.

47. PAVOT-ŒILLETTE. — Le pavot-œillette produit des graines dont l'huile est consommée sous le nom d'*huile blanche*, surtout dans le nord de la France. Il demande une très bonne terre, bien fumée. On le sème en mars, et, quand il est levé, on le sarcle avec soin, car les mauvaises herbes lui nuisent beaucoup. La graine est mûre en août. A mesure qu'on arrache les tiges, on secoue les têtes de pavot contre les bords d'un baquet en bois qu'on a apporté dans le champ.

Fig. 34. — Œillette

Un hectare donne en moyenne 25 hectolitres de graines.

Plantes tinctoriales.

SOMMAIRE. — 48. Ce qu'on nomme plantes tinctoriales. — 49. Garance. — 50. Ce que c'est que la gaude. — 51. Pastel.

48. On nomme *plantes tinctoriales* celles qui contiennent une matière colorante utilisée pour la teinture des étoffes. Les principales sont : la *garance*, la *gaude* et le *pastel.*

49. GARANCE. — La garance est la plus importante des plantes tinctoriales; elle est vivace et reste deux ou trois ans en terre; ses racines fournissent une belle couleur rouge employée dans la teinture. Elle n'est guère cultivée que dans quelques départements du midi de la France, et encôre cette culture diminue de plus en plus. On sème la graine en lignes très espacées, dans une terre profonde et bien fumée. Pendant la première année, on sarcle plusieurs fois, et, au mois de novembre, on butte les pieds; la deuxième année, on sarcle une fois seulement, et, la troisième année, on arrache les racines vers le mois d'octobre.

50. GAUDE. — La gaude est une plante dont les tiges, les feuilles et les racines renferment une jolie couleur jaune. Elle se plaît dans tous les terrains. On la sème ordinairement au printemps, dans une céréale; elle pousse très vite, on l'arrache en août ou en septembre.

51. PASTEL. — Le pastel est une plante dont les feuilles contiennent une belle couleur bleue. Il demande une terre calcaire et beaucoup d'engrais; il n'est cultivé que dans deux ou trois départements du Midi. On le sème au printemps. Quand les feuilles sont développées, on les cueille à trois ou quatre reprises différentes, et on les porte sous des hangars, où elles subissent une fermentation; ensuite on les broie avec une meule, et on en fait une espèce de pâte.

Tabac. Houblon.

SOMMAIRE. — 52. Ce que c'est que le tabac. Sa culture. — 53. Culture du houblon.

52. Le tabac est un végétal originaire d'Amérique, dont les feuilles, séchées et préparées, sont fumées ou prisées. Il n'appartient pas à une bonne famille, car la plupart des plantes qui la composent sont vénéneuses.

En France, il ne peut être cultivé que dans certains départements désignés par l'administration. Il exige une terre calcaire, labourée profondément et bien fumée. On sème la graine au printemps, en pépinière ; on transplante les pieds de tabac quand les gelées ne sont plus à craindre, en lignes et à un mètre en tous sens. On sarcle plusieurs fois et on pince la tige afin que les feuilles se développent davantage. Celles-ci ne peuvent être vendues qu'aux em-

Fig. 35. — Tabac.

ployés de la régie, qui les comptent avant la maturité. La récolte se fait de juillet à septembre, à différentes reprises.

53. HOUBLON. — Le houblon est une plante grimpante dont les fruits ou *cônes* sont employés dans la fabrication de la bière, parce qu'ils renferment une substance aromatique et un peu amère; on s'en sert aussi en médecine.

Fig. 36. — Branche et cône de houblon.

Sa culture est très facile et se fait surtout dans le nord et dans l'est de la France; mais il exige un terrain profond, qu'on doit défoncer, et une fumure abondante. On transplante les pieds de houblon à deux mètres les uns des autres, vers le mois de mars; on les bine une ou deux fois. Comme les tiges sont grimpantes, il leur faut des perches ou du fil de fer pour qu'elles puissent s'enrouler. La récolte des cônes commence la troisième année et a lieu en septembre; on les fait sécher sur le plancher d'un grenier bien aéré.

ASSOLEMENT

Sommaire. — 54. Ce qu'on entend par assolement.— 55. Pourquoi la même terre ne peut pas toujours produire la même récolte. — 56. Plantes épuisantes, salissantes. — Plantes améliorantes, nettoyantes. — 57. Ce qu'on doit rechercher dans un assolement. — 58. Principes généraux de l'assolement. — 59. Jachère.— 60. Assolement alterne quadriennal.— 61. Tableau d'assolement. Son avantage. — 62. Influence du bail sur le choix de l'assolement. — 63. L'assolement ne dispense pas de fumer les terres.

54. On entend par *assolement* la succession des cultures sur une même *sole*, c'est-à-dire dans un même champ pendant une période d'années déterminée, et la division d'un domaine en autant de parties qu'il y a d'années dans la période. Chaque récolte ne revient sur la même sole qu'à des époques périodiques plus ou moins éloignées, car une plante dépérit quand on la cultive plusieurs fois de suite dans le même terrain.

55. Il faut varier les cultures de manière que chacune d'elles rende à la terre ce que la précédente lui a enlevé. Si une plante revenait plusieurs années de suite dans le même terrain, elle l'épuiserait au point de le rendre tout à fait improductif. C'est facile à comprendre. Comme on l'a vu, les végétaux ne se nourrissent pas tous des mêmes substances; chaque récolte épuise le sol d'une manière spéciale, de sorte que si on cultive la même plante plusieurs fois de suite dans une terre, comme elle absorbe toujours les mêmes principes, il arrivera un moment où il n'en restera plus, et le champ ne produira rien. Il est donc nécessaire d'alterner les cultures, afin que les plantes qui précèdent ne nuisent pas à celles qui suivent; il faut, pour cela, bien connaître leur nature, car il y en a qui épuisent le sol plus vite que d'autres.

56. Sous ce rapport, on les divise, d'une part en plantes *épuisantes*, *salissantes*, et de l'autre en plantes *améliorantes*, *nettoyantes*.

Les céréales, le colza, le lin et le chanvre sont considérés comme plantes épuisantes : certaines céréales, le blé surtout, sont encore appelées plantes salissantes, parce que, ne pouvant être sarclées lorsqu'elles sont semées à la volée, elles laissent pousser les mauvaises herbes, qu'il est ensuite très difficile de détruire.

Le trèfle, la luzerne, le sainfoin, la pomme de terre, la carotte, la betterave, etc., sont des plantes améliorantes : quelques-unes d'entre elles, comme la pomme de terre, la betterave, la carotte, etc., ont, en outre, l'avantage de débarrasser le sol des herbes nuisibles, parce qu'elles ont besoin d'être sarclées; c'est pourquoi on les appelle aussi plantes nettoyantes ou récoltes sarclées.

57. Dans tout assolement, il faut principalement chercher à obtenir le plus de fourrage possible, afin de nourrir beaucoup de bestiaux qui donnent beaucoup de fumier, avec lequel on pourra avoir d'abondantes récoltes.

58. Voici les principes qui doivent guider dans le choix d'un assolement :

Alterner les récoltes de manière à ne jamais faire suivre deux cultures qui ont les mêmes besoins ; en d'autres termes placer, entre deux récoltes épuisantes, une ou plusieurs cultures améliorantes ; remplacer les plantes salissantes, comme le blé, par des plantes sarclées, comme la carotte ; semer les plantes fourragères seules, ou dans une céréale qui a succédé à une culture sarclée et fumée, car il est préférable de ne jamais appliquer directement le fumier aux céréales : autrement, on s'expose à les faire verser ; il vaut donc bien mieux fumer la récolte précédente. Enfin, il faut établir les cultures de telle sorte que, lorsqu'une récolte est enlevée, on ait le temps de préparer convenablement le sol pour la récolte suivante.

59. Autrefois, les cultivateurs introduisaient la *jachère* dans leur assolement, c'est-à-dire qu'ils laissaient une terre en jachère, ne produisant rien, pendant un an sur trois : c'était une erreur. Cette pratique est à peu près complètement abandonnée : à moins de circonstances spéciales très rares. la terre ne doit pas rester improductive, attendu qu'elle n'a pas besoin de se reposer.

60. L'assolement le plus simple, et l'un des meilleurs, est l'assolement quadriennal, c'est-à-dire durant quatre ans, et dans lequel les céréales ne se succèdent jamais, mais alternent avec d'autres cultures.

Ce principe de l'alternance des récoltes devrait être la base de la plupart des assolements. Ainsi, on ensemence, par exemple, la première année, une sole avec une récolte sarclée ; la deuxième année, cette récolte est remplacée par une céréale, orge ou avoine ; la troisième année, la sole est occupée par du trèfle semé dans cette céréale ; la quatrième année, on y cultive une céréale comme la seconde année, et ainsi de suite.

La luzerne et le sainfoin ne peuvent pas figurer dans un assolement, parce qu'ils restent plusieurs années en terre.

61. Le tableau suivant fera comprendre l'assolement quadriennal.

ANNÉES	PREMIÈRE SOLE	DEUXIÈME SOLE	TROISIÈME SOLE	QUATRIÈME SOLE
1re	Pomme de terre, betterave.	Orge, avoine.	Trèfle.	Blé ou seigle.
2e	Orge, avoine.	Trèfle.	Blé ou seigle.	Pomme de terre, carotte.
3e	Trèfle.	Blé ou seigle.	Pomme de terre, betterave.	Orge, avoine.
4e	Blé ou seigle.	Pomme de terre, carotte.	Orge, avoine.	Trèfle.

L'avantage de cet assolement c'est que, comme on le voit en examinant le tableau ci-dessus, on obtient tous les ans les mêmes récoltes, qui ne se suivent jamais deux années de suite sur la même sole. En effet, chaque année on a une récolte, 1° de plantes sarclées : pommes de terre, betteraves ou carottes ; 2° de céréales : blé ou seigle ; 3° de plantes améliorantes : trèfle ; enfin, 4° une autre récolte de céréales : orge ou avoine ; et chaque sole produit successivement ces récoltes pendant quatre ans. La cinquième année, la rotation recommence, c'est-à-dire qu'on cultive sur chaque sole la plante qu'on y a récoltée la première année, et ainsi de suite.

62. Il n'est pas toujours possible au fermier d'adopter cet assolement quadriennal. C'est lorsque son bail est fait pour trois, six ou neuf années ; il faudrait, pour cela, que le bail fût de huit, ou mieux de douze années. Ce serait préférable, et plus avantageux sous bien d'autres rapports.

63. Il ne faut pas oublier que l'assolement ne saurait dispenser de rendre à la terre, au moyen des engrais, les principes fertilisants qui lui ont été enlevés par les récoltes qu'elle a produites ; car un assolement, quel qu'il soit, ne peut restituer au sol les substances que celui-ci a perdues.

Enfin, un autre avantage de l'assolement, c'est de contribuer à la destruction des insectes nuisibles. Voici comment : Chaque insecte a sa plante préférée; si l'on cultivait celle-ci plusieurs années de suite dans le même terrain, l'insecte, ayant toujours en abondance la nourriture qui lui convient, se multiplierait rapidement; tandis qu'en faisant alterner les cultures, il ne trouve plus la nourriture qu'il lui faut et meurt.

QUATRIÈME PARTIE

LES ANIMAUX DOMESTIQUES

SOMMAIRE. — 1. Ce qu'on entend par animaux domestiques. — 2. Soins qu'on doit leur donner. — 3. Avantages des bons traitements. Inconvénients des mauvais. — Loi de 1850. — 4. Choix des races. — 5. Différentes espèces de bestiaux.

1. On entend par *animaux domestiques* ceux qui secondent l'homme dans ses travaux, qui le servent et contribuent à le nourrir. Les uns labourent les champs et traînent les voitures; les autres donnent de la viande, du lait, du beurre, du fromage, et divers produits que nous employons pour notre nourriture; enfin il y en a qui fournissent différentes choses utilisées dans l'industrie.

Fig. 37. — Le bétail.

Ces animaux comprennent les *bestiaux* et les *oiseaux de basse-cour*; on peut y ajouter les *abeilles* et les *vers à soie.*

2. Les bestiaux étant des auxiliaires indispensables, le cultivateur doit en avoir le plus grand soin, leur donner une bonne nourriture, les traiter avec douceur et ne pas les malmener.

3. Il y a avantage, sous tous les rapports, à agir ainsi. On commence à comprendre que l'agriculture ne pourrait prospérer sans bestiaux, parce qu'ils lui fournissent une chose précieuse, dont elle ne saurait se passer : le fumier, qui a d'autant plus de valeur qu'ils sont mieux nourris. D'un autre côté, les animaux traités avec bonté s'attachent à leur maître, lui obéissent et travaillent autant qu'ils le peuvent.

Les mauvais traitements sont toujours préjudiciables à celui qui les emploie ; car les bestiaux brutalisés travaillent moins et ne produisent pas autant que s'ils étaient bien traités ; en outre, ils finissent tôt ou tard par se venger des souffrances qu'on leur fait endurer.

Si ces considérations ne suffisaient pas, il y a la loi de 1850, appelée *loi Grammont*, qui punit assez sévèrement ceux qui maltraitent les animaux domestiques.

4. Le choix des races de bestiaux est une question importante ; le cultivateur doit être guidé par les ressources que présente son domaine au point de vue des fourrages, et par les débouchés qui lui sont ouverts, soit pour le lait, soit pour la viande. Ainsi, l'engraissement du bétail, qui sera avantageux pour un agriculteur placé à proximité d'une fabrique de sucre de betterave, pourrait ne donner que de médiocres bénéfices à celui qui ne se trouverait pas dans des conditions analogues.

5. Les bestiaux comprennent différentes catégories ou *espèces*. Ce sont : *l'espèce bovine*, *l'espèce chevaline*, *l'espèce ovine*, *l'espèce porcine* et *l'espèce caprine*.

Espèce bovine.

Sommaire. — 6. Ce que fournit l'espèce bovine. — 7. Choix des races. — 8. Comment doivent être les bœufs de travail. — Remplacement du joug par le collier. — 9. Ration des bestiaux. — 10. Meilleures races étrangères.

6. L'espèce bovine est la plus utile, car c'est elle qui rend le plus de services. Elle comprend le bœuf, la vache et le veau ; elle donne à l'homme son travail, et en outre lui fournit le lait, la viande, le suif, le cuir, le fumier, etc.

7. Le choix des races dépend des produits qu'on veut obtenir, soit pour le travail, soit pour le lait, soit pour l'engraissement. Mais le nombre des bestiaux doit toujours être proportionné à la quantité de nourriture dont on dispose. Il y a plus de profit à avoir peu de bêtes à cornes, mais bien nourries, que d'en élever beaucoup quand on ne peut leur donner une nourriture assez abondante.

Les meilleures races laitières sont les races *flamande, normande* et *bretonne.* Le signe caractéristique d'une bonne vache laitière, appelé *écusson,* est la présence, à la partie postérieure des mamelles, d'une certaine quantité de poils fins dirigés de bas en haut, et plus blancs que les autres : plus la surface qu'ils occupent est grande, plus la vache donne de lait.

Les meilleurs bœufs pour le travail sont, en première ligne, les bœufs *parthenais,* puis les bœufs de *Salers* (Cantal) et les bœufs *limousins.*

Pour l'engraissement, ce sont les races *charolaise, normande* et *limousine.*

8. Il faut que les bœufs de travail soient bien appareillés, c'est-à-dire que les deux bœufs qui travaillent ensemble, qui portent le même joug, soient à peu près d'égale force.

Dans le Nord, l'emploi du joug est de plus en plus abandonné ; on se sert du collier, comme pour les chevaux, ce qui est bien préférable : on a constaté qu'avec le collier les bœufs tirent mieux et fatiguent moins. Il faut avoir soin de les panser chaque jour, de les tenir très propres, et de leur donner à manger à des heures régulières.

9. Une bonne habitude à prendre, ce serait de rationner les bestiaux, c'est-à-dire de déterminer à l'avance le poids de la nourriture qui leur sera donnée chaque jour. La ration doit être deux fois plus abondante quand on veut produire du lait ou de la viande.

10. Parmi les races étrangères, la meilleure est la race *Durham*, qui est la plus précoce et la mieux disposée à l'engraissement; elle est très répandue dans le Maine et l'Anjou.

Espèce chevaline.

SOMMAIRE. — 11. Son utilité. Le cheval. — 12. Entretien et nourriture des chevaux. — 13. L'âne. — 14. Le mulet.

11. L'espèce chevaline rend aussi de grands services à l'homme. Elle comprend le cheval et la jument; on peut y ajouter l'âne et le mulet.

CHEVAL. — Il y a bien des races de chevaux; la meilleure pour l'agriculture est le cheval de *trait;* les plus estimées sont les chevaux *percherons, boulonais* et *bretons*.

12. Les chevaux étant généralement d'un prix assez élevé, le cultivateur ne saurait trop veiller à ce qu'ils soient bien traités par ceux qui les conduisent; ils doivent être tenus très proprement et avoir des écuries bien aérées.

Il faut les habituer peu à peu et modérément au travail, et s'assurer que leurs colliers ne les blessent pas.

Leur nourriture ordinaire se compose de foin et d'avoine, avec un peu de paille. La ration du cheval est proportionnée à son poids. Au printemps, on leur donne du fourrage vert, qu'ils aiment beaucoup; en tout temps, il leur faut une bonne nourriture.

13. ÂNE. — L'âne est un animal très sobre, qui est

précieux dans les pays pauvres ; il est presque aussi utile que le cheval. Il se contente des herbes les plus dures, même des chardons, et travaille beaucoup ; mais, pour cela, il ne faut pas le brutaliser. Si on le bat, il s'entête, ne fait presque rien, et cherche à se venger des coups qu'il reçoit ; si, au contraire, on le traite avec douceur, il peut prendre son maître en affection et est

Fig. 38. — L'Âne.

bien plus docile. La meilleure race est celle du *Poitou*.

14. MULET. — Les mulets sont des animaux qui rendent bien des services dans les pays de montagnes, parce qu'ils sont durs à la fatigue et ont le pied sûr pour gravir les pentes.

Espèces ovine, porcine et caprine.

SOMMAIRE. — 15. Utilité de l'espèce ovine. — 16. Soins qu'exigent les moutons. — 17. Ce que c'est que le porc. — 18. Utilité de la chèvre.

15. ESPÈCE OVINE. — Les bêtes ovines, c'est-à-dire les moutons, fournissent de la laine, de la viande et du suif. Autrefois, on les élevait en vue d'obtenir surtout de la laine ; aujourd'hui, c'est le contraire : on cherche à produire beaucoup de viande, et on a raison, car c'est plus avantageux. Il y a des races qui sont élevées pour leur laine, et d'autres pour leur viande. Les meilleures sont : pour la laine, la race *mérinos*, importée d'Espagne, et pour la viande, les moutons *bretons*, dits de *pré salé*, et les moutons du *Berry.* On a répandu en France, depuis quelque temps, les races anglaises de *Dishley* et de *Southdown*, qui donnent de belle laine et de bonne viande. La première est particulièrement remarquable :

certains de ces animaux atteignent le poids énorme de
100 kilogrammes.

Fig. 39. — Mouton mérinos.

16. Les moutons sont assez difficiles à élever; aussi
est-il nécessaire pour un cultivateur d'avoir un bon
berger. Cette question est tellement importante qu'on a
fondé, en 1874, une école de bergers à Rambouillet.

Le berger doit surtout veiller à ce que ses moutons ne
mouillent pas; il est utile qu'il ait un chien bien dressé.
Il aura soin que la bergerie soit toujours très propre.

Fig. 40. — Le porc.

17. Espèce porcine. — Le
porc est également un animal
d'une grande utilité; il est d'autant plus avantageux qu'il ne
coûte presque rien à nourrir : il
mange tout ce qu'il trouve. Les
porcs sont élevés pour leur
graisse et leur viande avec la-
quelle on fait de la charcuterie; d'ailleurs, tout est utilisé dans ces animaux, même leurs poils ou soies, qui

servent à fabriquer des brosses. Pour les engraisser rapidement, on leur donne du gland, des tourteaux de graines oléagineuses, des carottes et des pommes de terre cuites délayées avec du son dans de l'eau de vaisselle.

On se figure généralement qu'ils se plaisent dans la saleté : c'est une erreur, ils aiment autant la propreté que les autres animaux ; c'est pourquoi la porcherie doit être entretenue avec soin et bien aérée.

Les porcs *anglais* engraissent très promptement.

Les meilleures races françaises sont les porcs *craonnais*, *normands* et *lorrains*.

18. ESPÈCE CAPRINE. — L'espèce caprine, c'est-à-dire la chèvre, est très répandue dans certains départements du Midi. Elle aime à courir dans les montagnes, où elle trouve une partie de sa nourriture ; d'ailleurs, elle n'est pas délicate, et mange bien les fourrages les plus grossiers. Son lait est excellent ; on en fait de bons

Fig. 41. — La chèvre.

fromages. La peau des chevreaux est employée à fabriquer des gants.

Il y a deux espèces étrangères, la chèvre d'*Angora*, en Asie Mineure, et la chèvre du *Thibet*, dans l'Asie centrale, qui fournissent un duvet très fin et d'un prix élevé ; mais elles sont difficiles à acclimater en France.

Volaille.

SOMMAIRE. — 19. Ce qu'on appelle volaille. — 20. La poule. — 21. Meilleures races. — 22. Le dindon. — 23. L'oie. — 24. Le canard.

19. On comprend sous le nom de *volaille* tous les oiseaux de basse-cour, tels que poules, dindons, oies et canards.

La basse-cour est une source de revenus très importants : aussi doit-elle être l'objet de tous les soins de la ménagère.

20. POULE. — Les poules sont les volailles les plus utiles. Elles fournissent des œufs en grande quantité et leur chair est excellente.

On les nourrit avec de l'avoine, du sarrasin, du son, des débris de légumes et des pommes de terre cuites écrasées; en outre, elles aiment à gratter la terre pour y chercher des vers et des graines, qu'elles mangent.

Il ne faut pas laisser les poules courir dans les champs, car elles font beaucoup de dégâts; il vaut mieux leur réserver un espace clos et suffisamment grand, à côté du poulailler qui doit être placé dans un endroit bien sec.

Les poussins réclament quelques soins pendant les premiers jours; il est bon de les séparer des autres volailles.

Fig. 42. — Coq et poule de Bresse.

21. Les meilleures races françaises sont : la race de *Crèvecœur*, qui donne de très beaux œufs, la race de *Bresse* et les poules de *La Flèche* (Sarthe), excellentes pour l'engraissement et très bonnes pondeuses.

Parmi les races étrangères, la poule *malaise* et la poule *cochinchinoise* sont estimées à cause de leur précocité, mais elles ne sont pas faciles à élever. Elles commencent à couver dès les premiers beaux jours, ce qui permet d'avoir des poulets de bonne heure.

22. DINDON. — Le dindon est, de tous les oiseaux de basse-cour, le plus difficile à élever : c'est pourquoi il est moins répandu que les autres.

La dinde est très bonne couveuse. Quand les petits sont éclos, il faut prendre des précautions, car ils craignent beaucoup l'humidité. On les nourrit d'abord avec de la pâtée et des graines. On les engraisse quand ils ont six mois; leur chair est excellente.

Fig. 43. — Le dindon.

23. OIE. — Les oies sont faciles à élever, et, quand on peut en avoir beaucoup, on en tire de grands profits : c'est, avec la poule, l'oiseau le plus utile. Elles fournissent de la viande, de la plume et du duvet; on les plume deux ou trois fois par an. Elles aiment à se promener dans les champs, ainsi que le long des chemins, où elles mangent l'herbe qui s'y trouve. On les engraisse, comme les dindons, avec toute espèce de végétaux, mais surtout avec des grains cuits et des pommes de terre cuites écrasées.

Fig. 44. — Canard et oie.

24. CANARD. — Les canards ne sont pas difficiles à élever; ils aiment beaucoup l'eau : aussi, partout où il y a un ruisseau ou une mare, on peut en avoir. Ils ne sont pas délicats et mangent tout ce qu'ils trouvent, sauf lorsqu'ils sont tout petits : il faut alors leur préparer une nourriture spéciale, comme pour les dindons.

Abeilles.

SOMMAIRE. — 25. Ce que c'est que les abeilles. Leur utilité. — 26. Composition d'une ruche. — 27. Travaux des abeilles. — 28. Essaim. — 29. Récolte du miel et de la cire.

25. Les abeilles sont des insectes très industrieux qui nous fournissent du miel et de la cire. Elles n'occasionnent presque pas de frais : il suffit de mettre à leur disposition des *ruches* dans lesquelles elles construisent, avec de la cire, leurs cellules qu'elles remplissent de miel. Il faut, autant que possible, établir le *rucher* auprès d'un ruisseau, afin que les abeilles puissent se désaltérer; il doit également être placé auprès de l'habitation et, si cela se peut, à proximité des prairies. Chaque fermier pourrait en avoir un : on n'a aucune dépense d'entretien, et on réalise des bénéfices dont on est loin de soupçonner l'importance.

Nos cultivateurs français ne se rendent pas compte du tort qu'ils se sont fait en abandonnant de plus en plus la culture des abeilles. C'est une question très sérieuse, qui intéresse autant les grands agriculteurs que la petite culture; car, indépendamment des produits qu'elle fournit, l'apiculture, si elle était bien pratiquée, augmenterait considérablement le rendement des récoltes, notamment des plantes fourragères.

Le cadre de ce modeste ouvrage ne me permet pas d'entrer dans de longs détails explicatifs; je me contenterai de dire que les abeilles sont *indispensables à la fécondation complète des végétaux*, et de donner aux cultivateurs ce conseil, qui est bien facile à suivre : « *Essayez, il ne vous en coûte guère; établissez d'abord quelques ruches auprès de vos bâtiments; ensuite, vous en augmenterez le nombre, grâce aux essaims que vous recueillerez; et vous verrez, au bout de quelques années, quels résultats avantageux sous tous les rapports vous en aurez obtenus.* »

26. Dans une ruche d'abeilles, il y a une femelle unique appelée *reine* ou *mère*, qui est plus grande que les autres; quelques centaines de mâles appelés *faux bourdons*, et environ vingt mille abeilles *ouvrières*, qui butinent sur les fleurs afin de recueillir le miel avec lequel elles nourriront les larves provenant des œufs pondus par la reine.

27. Elles sont très laborieuses; elles construisent, dans l'intérieur de la ruche, des cellules dont l'ensemble est curieux, et dans lesquelles elles déposent le miel.

Il faut veiller à ce qu'il n'y ait pas de crapauds autour du rucher, car ces animaux sont friands d'abeilles : c'est, d'ailleurs, leur seul défaut, autrement ils sont bien utiles dans les jardins.

Les abeilles sont très douces, mais elles piquent ceux qui s'approchent trop de leur ruche; elles aiment la tranquillité : c'est pourquoi il ne faut pas placer le rucher sur le bord d'un chemin ou d'un sentier. On ne doit pas les déranger lorsqu'elles travaillent, ni faire du bruit autour de leur demeure.

28. Un *essaim* est formé par les jeunes abeilles qui quittent la ruche avec une nouvelle reine pour aller s'établir ailleurs. Généralement, il va se poser sur une branche d'arbre à peu de distance du rucher; on lui présente l'ouverture d'une ruche enduite de miel et il entre dedans, ou on l'y fait tomber; ensuite, on ferme l'entrée de la ruche avec une planche.

Fig. 45. — Récolte du miel et de la cire.

29. On enlève le miel et la cire en été, quand les essaims sont partis, et pendant que les abeilles sont dans les champs à butiner sur les fleurs. On a soin de leur laisser assez de miel pour leur nourriture de l'hiver; on recouvre les ruches avec de la paille tressée pour préserver les abeilles **du froid.**

Vers à soie.

SOMMAIRE. — 30. Ce que c'est que les vers à soie. — 31. Magnanerie. — 32. Eclosion des œufs. — 33. Nourriture. — 34. Cocons.
Chrysalides. Papillons. — 35. Produit.

30. Les vers à soie sont des espèces de chenilles que
l'on nourrit avec les feuilles du mûrier, et qui fournissent
la soie.

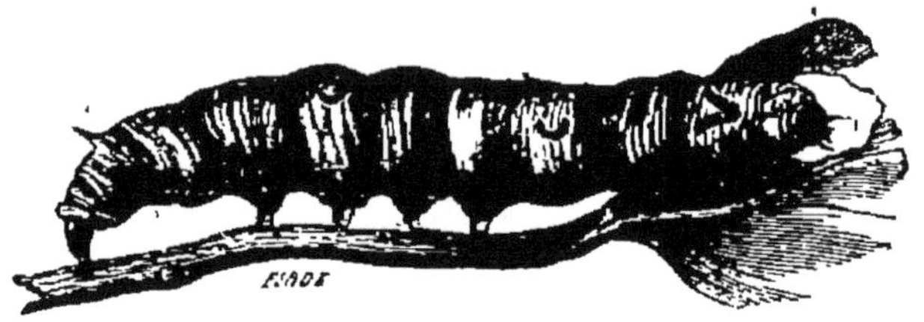

Fig. 46. — Ver à soie.

C'est surtout dans les départements du Midi qu'on les
élève; cette opération ne dure guère que deux mois,
mais elle ne réussit bien
que dans les localités où il
n'y a pas de trop grandes
variations de température.

Fig. 47. — Ver à soie filant.

Quand on élève une
grande quantité de vers à
soie, on les installe dans un
bâtiment spécial, appelé
magnanerie, parce que dans
le Midi on appelle le ver à
soie *magnan*, ce qui veut
dire *grand mangeur;* il
consomme, en effet, une
grande quantité de feuilles
de mûrier, qu'il faut cueil-
lir avec précaution, en faisant glisser la main le long de
la branche, de bas en haut, et non dans le sens opposé,
car on détruirait les bourgeons.

31. La magnanerie est un bâtiment spacieux, percé

de nombreuses fenêtres, et dans lequel règne une température qui doit être toujours la même, entre 20 et 25 degrés ; pour cela, il faut qu'il y ait des calorifères ou des cheminées. A l'intérieur se trouvent des espèces de dressoirs supportant les claies qui sont disposées les unes au-dessus des autres, à $0^m,50$ de distance. On ne place pas la magnanerie dans un endroit humide, ni auprès d'un cours d'eau ou d'une mare.

32. Pour faire éclore les œufs de ver à soie, appelés aussi *graines*, parce qu'ils sont très petits, on les expose à une température de 16 degrés qu'on élève successivement jusqu'à 25 degrés. Comme il faut que les vers soient à peu près de même force, on donne aux derniers éclos une nourriture un peu plus abondante qu'aux premiers, et même on laisse jeûner ceux-ci pendant quelque temps : il est nécessaire, en effet, à cause de la nourriture, que les changements de peau aient lieu au même moment.

33. Pendant les premiers jours, on ne distribue aux vers à soie que des feuilles de mûrier très fines et hachées, attendu que leurs mandibules seraient trop faibles pour les trancher. Plus tard, on leur met des feuilles de mûrier entières. On doit avoir soin que leurs repas soient réguliers et que les vers soient tenus dans un état constant de propreté, ce qui est assez difficile, car il ne faut jamais les toucher avec la main. On se sert d'un papier percé de trous et chargé de feuilles fraîches que l'on pose sur la claie couverte des vers qui viennent d'achever un repas. Ceux-ci, attirés par l'odeur de la feuille fraîche passent par les trous sur le papier. On l'enlève avec les vers, et on le place sur une autre claie; puis on jette la litière qui se trouvait sur l'ancienne claie : c'est ce qu'on appelle le *délitage*.

On ne doit jamais leur donner de feuilles mouillées : cela les ferait périr.

34. Les vers à soie, avant d'arriver à leur développement complet, changent quatre fois de peau, et, pour s'en dépouiller, ils restent immobiles pendant un certain temps appelé *sommeil;* l'intervalle entre deux changements s'appelle un des *âges* du ver à soie. Après leur quatrième mue, ils ont une faim dévorante; quand elle est apaisée, on met à leur portée, sur le bord des claies, des rameaux de bruyère, de genêt, de buis, ou même des sarments de vigne; ils grimpent le long de ces branches et y filent leur *cocon*. C'est une espèce de coque formée de fils de soie, et dans laquelle ils se renferment, puis se

Fig. 48 et 49. — Cocon et papillon du ver à soie.

transforment en *chrysalides*. Celles-ci se changent à leur tour en *papillons*, qui percent leur enveloppe et pondent des œufs. Mais on ne garde qu'un petit nombre de ces cocons, parce qu'une fois percés ils n'ont plus de valeur; les autres sont exposés à la vapeur d'eau bouillante, qui fait périr les chrysalides.

35. Chaque cocon fournit un fil,qui a plus de 1 000 mètres de longueur.

La France fabrique annuellement des soieries pour 400 millions de francs environ. Les plus belles et les plus renommées sont celles de Lyon.

CINQUIÈME PARTIE

ÉCONOMIE RURALE & COMPTABILITÉ AGRICOLE

Sommaire. — 1. Ce que c'est que l'économie rurale. — 2. Conditions que doit remplir un bon cultivateur. Ses connaissances professionnelles. — 3. Travail. — 4. Capitaux. — 5. Systèmes d'exploitation. — 6. Fermage. — 7. Métayage.

1. L'*économie rurale* ou *économie agricole* s'occupe des conditions que doit remplir une exploitation pour être fructueuse.

2. La plus importante de ces conditions est relative à l'agriculteur lui-même.

Un bon cultivateur doit être instruit, car l'agriculture est une science difficile, et qui exige des connaissances solides. Malheureusement, on croit encore, dans certaines contrées, qu'il n'est pas nécessaire d'être instruit pour se livrer à la culture de la terre : c'est une erreur.

Il faut, en effet, que le cultivateur puisse distinguer la nature des terrains, qu'il sache quels sont les engrais qui leur conviennent et les plantes qu'il devra y cultiver ; qu'il connaisse la théorie des assolements, l'influence du climat, de l'eau et de l'air sur les terres ; les récoltes qui sont les plus avantageuses par suite des débouchés qu'offre la contrée où il se trouve, etc.

Il doit savoir surtout qu'il vaut beaucoup mieux cultiver de bonnes terres en petite quantité qu'une grande étendue de mauvais terrains, et être persuadé de cette vérité : qu'un hectare de terre bien fumé et bien cultivé donne beaucoup plus de bénéfice net que deux hectares mal fumés et médiocrement cultivés.

3. Enfin, il est indispensable qu'il soit laborieux, car, sans travail, il n'y a pas d'agriculture possible. Pour donner de bons résultats, le travail doit être intelligent, et, pour cela, être secondé par l'instruction ; il faut que les cultures soient exécutées en temps opportun et avec le nombre de bras nécessaire. D'un autre côté, les terres n'exigent pas toutes les mêmes travaux : onéreux dans les mauvais terrains, les hersages, binages et sarclages contribuent à l'augmentation de la récolte dans les bonnes terres.

Il est très avantageux que les différentes parties d'un domaine soient aussi rapprochées que possible de l'habitation ; car, lorsqu'elles sont éloignées, de même que lorsqu'elles sont de peu d'étendue, elles font perdre un temps précieux aux attelages et aux gens.

4. Une dernière condition, qui n'est pas la moins importante, est la possession de capitaux suffisants pour bien exploiter un domaine.

Une grave erreur, qui est très nuisible aux progrès agricoles, consiste à croire qu'on peut faire de l'agriculture sans argent. C'est précisément parce qu'elle manque de capitaux que l'agriculture française est arriérée : aussi, les hommes les plus compétents et les plus honorables font-ils tous leurs efforts pour organiser le *crédit agricole* et procurer aux cultivateurs les fonds qui leur sont indispensables pour réaliser les améliorations nécessaires.

5. En dehors du propriétaire qui cultive lui-même, il y a deux systèmes d'exploitation en agriculture : le *fermage* et le *métayage*.

6. Dans le système du *fermage*, le domaine est loué à un fermier qui le cultive pour son propre compte, à ses risques et périls, moyennant une redevance annuelle fixée à l'avance, et pour une durée plus ou moins longue, stipulée dans un contrat appelé *bail*, passé entre le propriétaire et le fermier.

Ce qui empêche les fermiers de réussir et ce qui retarde en même temps les progrès de l'agriculture, c'est la trop courte durée des baux, qui sont habituellement de trois, six ou neuf années : dans un espace de temps si restreint, le fermier ne peut pas se risquer à entreprendre des travaux dont il n'est pas sûr de profiter. Les baux devraient être de quinze à vingt ans, au moins ; alors, il aurait intérêt à bien cultiver et à tenter des réformes avantageuses. Tout le monde y gagnerait : les propriétaires aussi bien que les fermiers.

7. Dans le système du *métayage,* le domaine est cultivé par un métayer ou colon, pour le compte du propriétaire qui partage avec lui tous les produits. C'est le colon qui doit exécuter, avec sa famille et ses domestiques, tous les travaux de culture. Généralement, le propriétaire fournit le bétail et le matériel d'exploitation.

Ce qui nuit considérablement aux progrès de l'agriculture dans notre région, où le métayage est le système en usage, c'est que, ordinairement, le colon n'a pas de bail, de sorte que son maître peut le renvoyer chaque année. Dans une situation aussi précaire, le métayer hésite à faire des améliorations dont il ne profitera peut-être pas.

Comptabilité agricole.

Sommaire. — 8. But de la comptabilité agricole. — 9. Son utilité. — 10. Sa simplicité. — 11. Inventaire. — 12. Nécessité du livre de caisse et du livre de magasin. — 13. Livre de caisse. — 14. Livre de magasin. — 15. Livre tenu par la femme du cultivateur. — 16. Enseignement de l'économie domestique dans les écoles de filles.

8. La comptabilité agricole a pour but de faire connaître au cultivateur non seulement ce qu'il dépense et ce qu'il reçoit, mais en outre ce que ses cultures et ce que ses bestiaux lui procurent de bénéfice ou lui occasionnent de perte, pour qu'il sache, à la fin de l'année, quelle est sa situation financière : de là, la nécessité d'avoir une comptabilité régulière, qui n'est ni longue, ni difficile à tenir.

9. C'est encore une de ces vérités qu'on a bien de la peine à faire pénétrer dans les campagnes, et qui ne se répandra qu'avec l'instruction, lorsque le cultivateur aura compris que, l'agriculture étant une véritable industrie qui produit une foule de choses, il est nécessaire qu'il sache ce que lui coûtent et ce que lui rapportent les différents produits de son domaine.

10. La comptabilité doit-elle être bien compliquée? Nullement; sauf pour les grandes exploitations, qui sont l'exception et dont nous n'avons pas à nous occuper, elle doit être aussi simple que possible : il faut qu'elle soit à la portée de tous les cultivateurs. L'essentiel, c'est qu'ils s'habituent à tenir leurs comptes : plus tard, quand l'habitude sera prise, on pourra perfectionner la méthode employée. D'ailleurs, un homme intelligent et instruit reconnaîtra bien vite les modifications à y apporter.

11. La première chose que doit faire un cultivateur, c'est d'établir un *inventaire* exact de tout ce qu'il possède, en estimant chaque objet, en argent, à son juste prix, et plutôt au-dessous qu'au-dessus de sa valeur réelle.

L'inventaire devra comprendre le mobilier, le matériel d'exploitation (outils, instruments, etc.), les récoltes, les bestiaux, les engrais et le capital en argent que possède l'agriculteur. Le total de la valeur de tous ces objets forme son *actif*. Si cet actif est, je suppose, de 37000 francs, et que le *passif* (c'est-à-dire ce qu'il doit) soit de 2000 francs, la différence, c'est-à-dire 35000 francs, représente la situation de fortune du cultivateur.

Chaque année, à la fin de décembre ou au commencement de janvier, on fait un nouvel inventaire, dans lequel on doit tenir compte de la diminution survenue dans la valeur de certains objets mobiliers, des instruments de culture et même des bestiaux ; en général, il vaut mieux pour l'agriculteur que son estimation soit moins élevée : il ne craint pas, dans ces conditions, d'éprouver des déceptions.

12. L'inventaire ne suffit pas ; il faut que le cultivateur sache non seulement quelles sont les sommes qu'il a reçues et d'où elles proviennent : ventes de bestiaux, de récoltes, etc., mais encore quelles sont les dépenses qu'il a faites et pour quel objet : achats d'engrais, d'instruments de culture, etc. Il est donc nécessaire qu'il ait d'autres livres ; les principaux sont : le *livre de caisse* et le *livre de magasin*.

13. Le *livre de caisse* est très important ; c'est un registre sur lequel on inscrit, à leur date, les recettes et les dépenses. Il est par conséquent divisé en deux parties : sur la page de gauche figurent les recettes, et sur celle de droite les dépenses. Il est très avantageux de le disposer de manière à ce qu'on puisse connaître l'origine de la recette et de la dépense ; car celles-ci peuvent provenir de causes différentes : ventes de bestiaux ou de récoltes, achats d'engrais ou d'outils. (*Voyez le modèle pages* 98 *et* 99.)

Cette disposition permet au cultivateur de se rendre compte des causes des recettes et des dépenses. Le montant de chaque recette et de chaque dépense est inscrit d'abord dans la colonne spéciale à laquelle il se rapporte, puis dans la colonne générale ; de sorte qu'à la fin du mois, il n'y a qu'à totaliser les différentes colonnes pour savoir ce qu'ont produit les bestiaux d'une part, les récoltes de l'autre, et l'argent qui est sorti de la caisse pour chacune des catégories de dépenses : c'est en même temps un moyen de contrôle. Ainsi le total de la colonne des bestiaux ajouté à celui de la colonne des récoltes doit être égal au total de la colonne générale. Ces totaux sont faits à la fin de chaque mois. Il faut totaliser chaque page et inscrire les reports au haut de la page suivante.

14. Le *livre de magasin* est un registre sur lequel on inscrit, à leur date, les entrées et les sorties des bestiaux et des différentes récoltes. Il est divisé en deux moitiés comprenant : la première le bétail, et la deuxième les denrées récoltées. Sur la page de gauche figurent les entrées, et sur celle de droite les sorties. La partie relative au bétail peut être subdivisée en autant de comptes qu'il y a d'espèces d'animaux. De même, en ce qui concerne les denrées, il y aura un compte pour chaque genre de culture ; et même, pour certaines récoltes, les céréales par

RECETTES

DATES	NATURE DES RECETTES				SOMMES
Janvier.	BESTIAUX		RÉCOLTES		
		fr. c.		fr. c.	fr. c.
4	Vendu un bœuf...	475 »	....	......	475 »
6			Vendu 350 décal. de blé, à 18 fr. l'Hl..	630 »	630 »
9	Vendu 8 moutons..	280 »	....	......	280 »
	Etc.				

CAISSE

DÉPENSES

DATES	NATURE DES DÉPENSES						SOMMES
Janvier.	ACHAT DE BÉTAIL		ACHAT D'ENGRAIS D'OUTILS, ETC.		DÉPENSES DIVERSES		
		fr. c.		fr. c.		fr. c.	fr. c.
3	1 cheval..	400 »	....	.....	....	.....	400 »
5			Guano....	85 »	....	.....	85 »
8					Vêtements.	30 »	30 »
	Etc.						

exemple, il y aura un compte pour chacune d'elles, à cause de leur importance.

De la sorte, le cultivateur peut découvrir la cause de ses pertes et y remédier, ce qui lui serait impossible s'il ne tenait aucune comptabilité.

15. Sa femme, qui a la charge de la basse-cour et de la laiterie, pourra également tenir un livre sur lequel elle inscrira, d'un côté, les dépenses qu'elle a faites, et de l'autre, les recettes provenant de la vente du beurre, du fromage, des volailles et des œufs. Le total des recettes et des dépenses sera reporté, plusieurs fois par an, sur le livre de caisse.

16. Les auteurs des nouveaux programmes ont eu raison d'introduire dans les écoles de filles des *Notions très simples d'économie domestique relatives... aux soins du ménage, du jardin et de la basse-cour.* Il est à désirer qu'elles soient répandues partout : elles rendraient de grands services aux jeunes filles de la campagne, et contribueraient aussi à la prospérité de notre agriculture. D'ailleurs, les notions essentielles d'agriculture pourraient être enseignées dans les écoles de filles; un certain nombre d'institutrices sont entrées dans cette voie : on ne peut que les en féliciter et souhaiter que leur exemple soit suivi. Il est utile, en effet, que la femme du cultivateur connaisse l'importance de l'agriculture, la germination et la nutrition des plantes, la nature et l'emploi des engrais, la culture des principaux végétaux agricoles, l'utilité et les usages des instruments aratoires les plus employés, les animaux qui sont utiles et ceux qui sont nuisibles; qu'elle possède quelques notions très simples de comptabilité agricole; qu'elle sache quels sont les soins à donner aux animaux domestiques et quelle est la nourriture qui leur convient. Enfin, il est bon qu'elle connaisse la culture des légumes et celle de quelques fleurs, les différentes opérations du jardinage, les principaux modes de multiplication des végétaux ainsi que la culture des meilleurs arbres fruitiers et les soins qu'ils réclament.

Il est certain que, grâce à ces notions très élémentaires qu'elle aura acquises à l'école, elle s'intéressera davantage aux travaux des champs, pourra seconder son mari bien plus efficacement et, au besoin, lui donner un bon conseil, lui indiquer une amélioration à laquelle il ne pensait pas, etc.

HORTICULTURE

PREMIÈRE PARTIE

—

LE JARDIN

MULTIPLICATION DES VÉGÉTAUX

—

SOMMAIRE. — 1. Ce que c'est qu'un jardin. — 2. L'*horticulture.*
— 3. Choix d'un jardin. — 4. Ses avantages. — 5. Division du
jardin. — 6. Labour du jardin. Fumier. Compost. Alternance des
cultures.

1. Un jardin est un terrain plus ou moins grand,
auquel on fait produire des légumes, des fruits et des
fleurs.

2. La culture des jardins s'appelle *jardinage* ou *horticulture ;* c'est la source de richesse la plus considérable
avec la culture de la vigne, car le même terrain, bien
fumé, peut donner trois ou quatre récoltes successives
dans la même année.

3. Pour qu'un jardin soit productif, il faut qu'il soit
bien exposé, que le sol soit profond et le sous-sol perméable ; il doit être placé, autant que possible, près de
la maison. Il est bon qu'il soit entouré de murs pour pro-
téger les arbres en espalier.

4. Sa culture est très avantageuse : elle fournit
à peu de frais les légumes dont on a besoin, ainsi que
quelques fruits. Les légumes coûtent bien moins cher
que si on les achetait, et on les trouve meilleurs.

5. Le jardin est divisé, par des allées, en plusieurs
carrés qui sont divisés eux-mêmes en *planches* plus ou
moins larges, séparées par des *passe-pieds* ou *sentiers*. Ces

carrés sont entourés de *plates-bandes* dans lesquelles on cultive des fleurs et des arbres fruitiers dirigés en pyramide ou disposés en cordons. Les bordures des plates-bandes peuvent être plantées en fraisiers, ou en oseille, cive, ciboule, etc. L'intérieur des carrés est réservé aux légumes ou plantes potagères.

6. On laboure ordinairement le jardin avec une bêche; il faut avoir soin de bien diviser et émietter la terre, afin que l'air et la chaleur puissent y pénétrer facilement. Quand la terre est bien labourée, à une profondeur de 0^m,20 à 0^m,25, on l'aplanit au moyen d'un râteau, qui sert en outre à briser les petites mottes et à enlever les pierres qui sont restées dans le terrain.

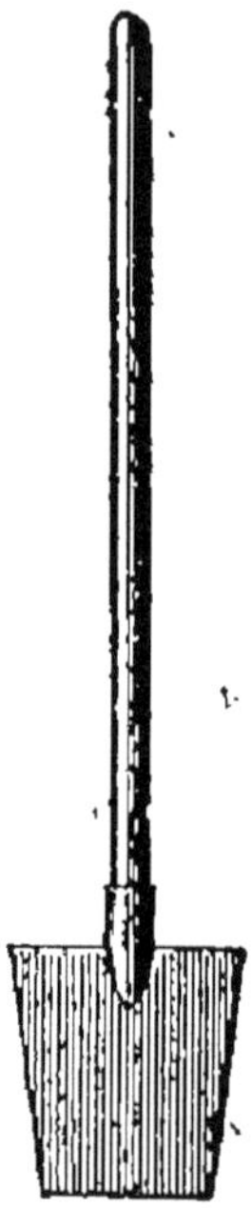

En bêchant, on enterre le fumier, qu'on a préalablement étendu sur le sol : on doit en mettre une quantité considérable. Il est meilleur quand il est bien décomposé.

Les *composts* sont très utiles dans un jardin : ils sont formés de toutes sortes de débris animaux et végétaux mélangés : balayures, cendres, suie, chiffons, mauvaises herbes, épluchures, urines, eaux de vaisselle, etc.

Fig. 50. — Bêche.

Il est nécessaire, en principe, de soumettre le jardin à une espèce de *rotation*, c'est-à-dire de faire alterner les cultures. Ainsi, en dehors du terrain occupé par les asperges et les artichauts, le jardin est divisé en deux parties : la première, consacrée aux légumes tels que choux pommés, choux-fleurs, choux de Bruxelles, poireaux, oignons, ail, échalote, épinards, céleri, etc., reçoit une fumure abondante, parce que ces plantes exigent beaucoup de fumier pour leur nourriture; tandis que la deuxième partie, réservée aux légumes tels que pois, haricots, fèves, carottes, navets, betteraves, laitues, chicorées, etc., ne sera pas fumée, on recevra seulement une petite quantité de terreau ou bien de compost très décomposé, parce que ces végétaux ne veulent pas de fumure fraîche, qui les empêcherait de donner de beaux produits.

L'année suivante, on alterne, c'est-à-dire que la partie n° 2, qui n'a pas eu d'engrais l'année précédente, sera fortement fumée, et produira des choux, des poireaux, etc.; tandis que la partie n° 1 ne le sera pas, et recevra les pois, les haricots, les carottes, etc.

Je n'ai pas besoin d'ajouter que cette division n'a rien d'absolu; qu'on pourra, par exemple, remplacer dans la partie n° 2 une récolte de petits pois précoces ou d'épinards, par une planche de céleri ou de poireau, à la condition de la fumer abondamment; de même que dans la partie n° 1, une récolte d'ail ou d'oignons pourra être remplacée, sans fumure nouvelle, par un semis de mâches, ou par des salades qui y seront repiquées.

Entretien du jardin.

Sommaire. — 7. Arrosage. Arrosoir. — 8. A quel moment il convient d'arroser. — 9. Précautions à prendre pour l'arrosage des légumes qui pomment. — 10. Sarclage. Binage. — 11. Instruments de jardinage.

7. Tous les légumes ont besoin d'être arrosés; on doit faire attention, en arrosant, de ne pas répandre trop d'eau à la fois, ni de la jeter tout d'un coup, parce que cela battrait la terre et la durcirait. Cependant, il ne faudrait pas non plus verser trop peu d'eau, car la terre se dessécherait encore plus vite que si on n'arrosait point.

On se sert d'*arrosoirs* dont le tuyau est ordinairement terminé par une *pomme* percée de trous; on emploie aussi, surtout pour les arbres, une petite pompe portative.

L'eau de pluie est la meilleure; viennent ensuite les eaux de source et de rivière. Il est bon d'exposer l'eau de puits à l'air et au soleil pendant quelques heures. Pour cela, on emplit, le matin, des tonneaux que l'on a enfoncés dans la terre; on peut y mettre, de temps à autre, un peu de fumier, dont les principes fertilisants seront dissous par l'eau.

8. L'arrosage ne se fait pas à tout moment : il faut tenir compte de la saison. Au printemps, on exécute cette opération un peu avant le milieu du jour; en été, on arrose le soir, et en automne le matin, car, si l'on arrosait le soir, les légumes pourraient geler pendant la nuit.

9. Dans l'arrosage des légumes qui pomment, tels que choux, laitues, etc., il vaut mieux mettre l'eau au pied, parce que, si l'on mouillait la pomme, celle-ci pourrirait, surtout en temps de sécheresse. Il est utile, pendant les grandes chaleurs, de butter le pied des plantes, afin de soustraire celles-ci à l'action desséchante du soleil.

10. Un jardin demande des soins continuels; il faut souvent sarcler les planches, pour détruire les mauvaises herbes; cette opération, appelée *sarclage*, se fait, soit à la main, soit à l'aide d'un couteau, ou d'une serfouette, ou d'une ratissoire.

Le *binage* consiste à remuer légèrement le sol avec la serfouette, afin d'émietter la terre et de briser la croûte qui se forme à la surface du terrain, surtout après les arrosages. On peut éviter cet inconvénient en mettant sur les planches un *paillis*, c'est-à-dire une petite couche de fumier décomposé ou de paille un peu divisée.

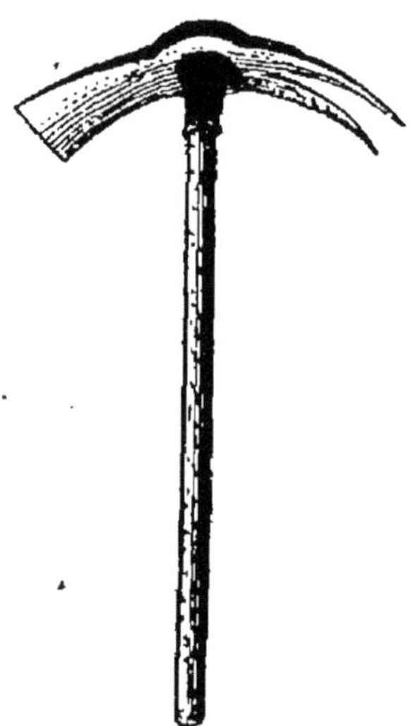

Fig. 51. — Serfouette.

11. La culture d'un jardin exige un certain nombre d'instruments. Outre la bêche, le râteau, l'arrosoir et la serfouette, dont il a déjà été parlé, il faut une brouette pour transporter le fumier et la terre, un plantoir pour faire des trous, un cordeau pour disposer les légumes en lignes, une petite ratissoire, très utile et très expéditive pour couper l'herbe entre les rangs de légumes, etc. Il est bon d'avoir quelques paillassons pour préserver certains légumes du froid ; on peut aussi abriter les plantes, d'une manière bien simple, au moyen de tuiles assez larges qu'on incline et qu'on soutient avec un ou deux morceaux de bois.

Multiplication des végétaux.

SOMMAIRE. — 12. Comment on multiplie les végétaux. — 13. Semis. — 14. Boutures. — 15. Marcottage. Provignage. — 16. Choix et conservation des graines.

12. On multiplie ordinairement les végétaux au moyen des *semis*, des *boutures*, des *marcottes* et des *greffes*[1].

13. Les légumes et la plupart des plantes proviennent de *graines*, qu'on sème *en lignes* ou *à la volée*. Pour semer en lignes, on trace avec un cordeau des sillons parallèles, plus ou moins profonds suivant la grosseur des graines, ou des *poquets*, espèces de petits trous dans lesquels on dépose les graines. Le semis à la volée se fait en les répandant sur toute la surface du sol. Il faut avoir soin de les enterrer, soit à la main, soit à l'aide du râteau. On peut recouvrir ensuite la planche d'une petite couche de terreau, ou encore de paillis.

14. La multiplication par *boutures* est très simple ; elle est employée pour reproduire certains arbustes fruitiers, comme le groseillier et la vigne, et même de grands arbres, tels que le peuplier. On coupe un rameau garni de bourgeons et on plante la partie inférieure ; les bourgeons qui se trouvent en terre émettent des racines, et les autres donnent naissance à des branches. Cette opération a lieu habituellement au printemps.

Beaucoup de fleurs se reproduisent par boutures.

15. Le *marcottage*, qui se fait aussi au printemps, consiste à coucher dans la terre un rameau qu'on ne sépare

1. Voy., pp. 130 à 133, les greffes les plus importantes.

pas tout de suite de la plante qui le porte ; ce rameau, dont l'extrémité sort de terre, prend racine. Au bout d'un an ou deux, on le sépare du végétal et on le transplante ailleurs, ou on le laisse pousser dans l'endroit même où il se trouve.

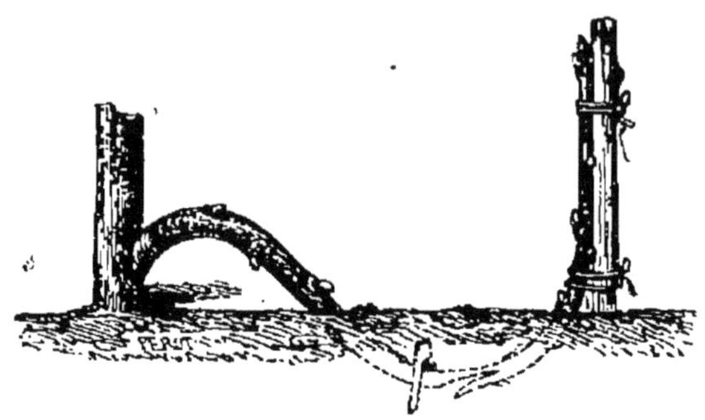

Fig. 52. — Marcotte.

C'est ainsi qu'on multiplie l'œillet, la verveine et certains arbres fruitiers.

Le marcottage des vignes s'appelle *provignage*, et le sarment mis en terre, *provin*.

16. Le choix et la conservation des graines ont une grande importance. Ainsi, il est préférable, pour certains végétaux, d'employer de jeunes graines, et pour d'autres, de vieilles semences. En général, les graines d'un an sont les meilleures, excepté pour quelques légumes qui donnent de plus beaux produits avec celles de deux ans ; les principaux sont : les mâches, les fèves, les haricots, les pois, les choux pommés, les choux-fleurs, les tomates et les melons.

Les graines doivent être déposées dans un lieu sec et bien aéré, car l'air est indispensable à leur conservation : c'est pourquoi il faut trouer les sacs dans lesquels on les renferme. On laisse dans leurs gousses les graines des *légumineuses* qu'on ne sème que la seconde année, telles que fèves, pois et haricots.

DEUXIÈME PARTIE

LES LÉGUMES

SOMMAIRE. — 1. Ce qu'on appelle légumes. — 2. Différentes sortes de légumes. — 3. Plantes dont on mange les tiges ou les feuilles. — 4. Légumes dont on mange les racines. — 5. Plantes potagères dont on consomme les enveloppes des fleurs. — 6. Légumes dont on mange les fruits.— 7. Plantes dont on mange les graines. — 8. Récolte des légumes. — 9. Leur conservation.

1. On appelle *légumes* les plantes potagères qui sont utilisées pour la nourriture de l'homme.

2. Ils ne servent pas tous aux mêmes usages. Il y en a dont on mange les tiges ou les feuilles ; d'autres, dont on consomme les racines. Dans quelques-uns, ce sont les fleurs, ou les fruits, ou les graines, qui sont utilisés. Enfin, il y a certaines plantes potagères qui sont surtout employées pour l'assaisonnement des mets ; les principales sont l'*ail*, l'*échalote*, l'*oignon* et le *persil*.

3. Les légumes dont on mange les tiges ou les feuilles sont : l'*asperge*, le *poireau*, les *choux*, les *épinards*, l'*oseille*, le *céleri*, la *laitue*, la *chicorée* et la *mâche*.

4. Ceux dont on mange les racines sont : le *navet*, la *carotte*, la *betterave*, le *radis*, le *salsifis*, la *scorsonère*, la *pomme de terre* et les *crosnes* ou *stachys du Japon*.

5. Les plantes potagères dont on consomme les enveloppes des fleurs sont : le *chou-fleur* et l'*artichaut*.

6. Celles dont on mange les fruits sont : le *melon*, la *citrouille* et le *fraisier*.

7. Les légumes dont on mange les graines sont : les *fèves*, les *petits pois* et les *haricots*.

8. La plupart des légumes sont meilleurs quand ils sont consommés frais : tels sont les petits pois, les haricots verts, les asperges, les radis, les choux, les épinards, les salades, etc.

Il y en a d'autres qu'il vaut mieux garder pendant quelque temps, comme les pommes de terre, les betteraves et les carottes.

9. La conservation de certains légumes exige des soins que bien des personnes ne prennent pas, parce qu'elles les ignorent.

Ce sont principalement : les pommes de terre, les carottes, les navets et les betteraves.

Pour les pommes de terre, il faut d'abord ne les récolter que lorsqu'elles sont parfaitement mûres, et par un temps chaud. Après les avoir arrachées, on les laisse sécher à l'air ou sous un hangar avant de les mettre à la cave. Pour qu'elles se conservent bien, il est absolument nécessaire que les tas soient aérés le plus possible. On dispose, dans ce but, quelques bûches sur lesquelles on place, en travers, des branches ou des ramilles, afin que les pommes de terre ne reposent pas sur le sol, ce qui les ferait pourrir ; il est bon d'éviter qu'elles touchent au mur, en mettant également le long de ce mur des branchages, ou des tiges de chanvre, etc. On fait bien, lorsque le tas est un peu gros, de planter un fagot au milieu. Quand il gèle, on bouche les ouvertures avec de la paille.

Si l'on n'a pas une grande quantité de pommes de terre, on peut les conserver dans des caisses à claire-voie, que l'on place sur de grosses bûches.

Les racines, telles que carottes, navets et betteraves, doivent être empilées sur deux rangs; on a soin que le collet se trouve en dehors. Il faut avoir la précaution de mettre en dessous les racines semées les dernières, parce qu'elles se conserveront plus longtemps que les autres.

Plantes d'assaisonnement.

SOMMAIRE. — 10. Culture de l'ail et de l'échalote. — 11. Comment on cultive l'oignon. — 12. Culture du persil.

10. AIL. ÉCHALOTE. — L'ail et l'échalote se multiplient par leurs bulbes, que l'on plante en bordure ou en planches vers le mois de mars, en choisissant ceux de la circonférence. Tous les terrains leur conviennent, sauf ceux qui sont humides. On bine et on sarcle de temps à autre. Au mois de juin, on fait à l'ail un nœud avec ses feuilles, afin de faire grossir les bulbes.

Quand les feuilles se dessèchent, on arrache les bulbes, on les laisse sécher sur le sol, et on les conserve en bottes dans un lieu sec.

11. OIGNON. — On sème la graine d'oignon en septembre, et on repique le plant en février ou en mars, en l'enterrant très peu. On peut aussi le semer sur place, au printemps. On donne des sarclages et des binages, mais peu d'arrosages. Vers les mois de juillet et août, on rabat les fanes afin d'arrêter la sève et de faire mûrir complètement les oignons. Lorsqu'ils

Fig. 53. — Oignon.

sont arrachés, on les met sécher pendant quelques jours, et on les conserve étendus dans un grenier sur une couche de paille.

12. PERSIL. — Le persil frisé, qui est le meilleur, se sème au printemps; on le cultive habituellement le long d'un mur ou d'une plate-bande. On l'arrose jusqu'à ce qu'il soit levé.

Légumes cultivés pour leurs tiges ou leurs feuilles.

SOMMAIRE. — 13. Culture de l'asperge. — 14. Culture du poireau. — 15. Comment on cultive les choux. — 16. Culture des épinards. — 17. Culture de l'oseille. — 18. Terrain qui convient au céleri. — 19. Culture de la laitue. — 20. Époque à laquelle on sème la chicorée. — 21. Culture de la mâche.

13. ASPERGE. — L'asperge, qui est un des meilleurs légumes, exige un terrain profond, meuble et bien fumé;

elle craint beaucoup l'humidité. Au printemps, on creuse des fosses de 0^m,25 à 0^m,30 de profondeur et de 0^m,70 à 0^m,80 de largeur, séparées entre elles par un intervalle de 0^m,40 à 0^m,50. On met dans le fond une couche de fumier qu'on recouvre de terre, en ayant soin de faire un petit monticule sur lequel on pose la *griffe* ou *patte,* en étendant les racines dans toutes les directions. On place les griffes à 0^m,50 les unes des autres, et on les enterre en ayant soin de ne pas combler la fosse. Avant l'hiver, on coupe les tiges à 0^m,05 environ et on les recouvre de terreau. On fait de même la deuxième année. En mars de la troisième année, on les fume et on les butte; puis, à l'automne, on rabat la terre. On fait la même chose la quatrième année, où l'on commence à en cueillir.

14. Poireau. — La culture du poireau n'est pas difficile; on le sème en mars et on le repique quand le plant est assez gros, en ayant soin de l'enfoncer profondément dans le sol. On coupe préalablement l'extrémité des racines et des feuilles; on bine et on arrose assez souvent. Il faut rogner les feuilles quatre ou cinq fois.

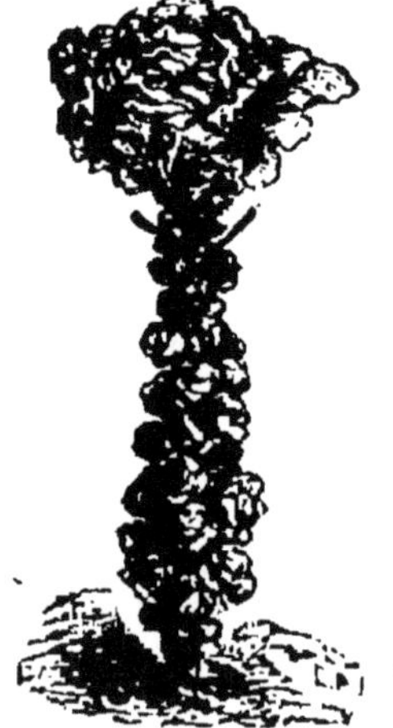
Fig. 51.
Chou de Bruxelles.

15. Chou. — On commence à semer les choux au printemps, et on les repique quand le plant est assez fort; il est bon de les incliner dans une direction opposée aux pluies dominantes. A la suite de longues sécheresses suivies de pluies abondantes, les pommes de choux crèvent quelquefois; pour éviter cela, on soulève les racines en arrachant un peu les choux.

On peut en semer différentes variétés, depuis le mois de mars jusqu'au mois d'octobre, de telle sorte que l'on puisse en consommer pendant l'hiver et le printemps. Il leur faut quelques binages et beaucoup d'eau.

Le *chou de Bruxelles,* dont les petites pommes poussent

le long de la tige et sont très appréciées, se sème en avril et en mai.

16. ÉPINARDS. — On sème les épinards au printemps ; on peut en cueillir quarante jours après le semis. On en fait ensuite tous les mois jusqu'en septembre ; on doit sarcler et arroser assez souvent.

17. OSEILLE. — Il faut trois ou quatre mois à l'oseille pour atteindre son développement complet. On la multiplie ordinairement par la séparation des touffes ; on la plante le long des allées, en bordure, au printemps. Sa culture ne demande que des binages.

18. CÉLERI. — Le céleri aime un terrain profond et frais. On le sème en mars ou en avril, et on le transplante à la fin de juin dans une petite fosse dont on a rejeté la terre sur les bords, afin de s'en servir plus tard pour le butter. On l'arrose immédiatement, et on continue tous les deux ou trois jours, car il aime beaucoup l'eau. Quand il est assez fort, on le lie et on le butte afin de le faire blanchir.

Le *céleri rave*, dont on consomme les racines, se cultive comme le céleri plein, sauf qu'il n'a pas besoin d'être lié ni butté ; on le mange cuit.

19. LAITUE. — La laitue d'hiver se sème en août ou en septembre, et se transplante en octobre, dans un lieu abrité et exposé au midi. Celle de printemps se sème en mars, avec des radis, si l'on veut, et se repique lorsque le plant est assez fort ; il faut arroser souvent, biner et sarcler.

Les *laitues romaines* ou *chicons* se cultivent de la même manière.

20. CHICORÉE. — On sème la chicorée en mars ou en avril, et on repique les plants à 0^m,35 les uns des autres ; on les arrose beaucoup, et pour les faire blanchir on les lie à leur partie supérieure par un temps sec ; ensuite on ne les arrose qu'au pied, avec le goulot de l'arrosoir pour ne pas mouiller l'intérieur.

21. MÂCHE. — La mâche est très facile à cultiver ; on en sème tous les quinze jours, en août et en septembre, dans une terre meuble et fumée l'année précédente, en ayant soin de tasser le sol ; on éclaircit et on donne quelques arrosages.

Légumes dont on mange les racines.

SOMMAIRE. — 22. Terrain qui convient au navet. — 23. Culture de la carotte. — 24. Terrain dans lequel on doit cultiver la betterave. — 25. Culture des radis. — 26. Comment on cultive le salsifis et la scorsonère. — 27. Culture de la pomme de terre. — 27 *bis*. Culture du crosne ou stachys du Japon.

22. NAVET. — Les navets aiment un terrain sableux et frais. On les sème à la volée ou en lignes, depuis mai jusqu'en août ; il faut les éclaircir, les sarcler et les arroser quelquefois. Ils doivent être assez loin les uns des autres. Quand on les sème trop tôt, ils montent.

Les meilleures variétés sont : le *navet des Vertus* et le *navet plat hâtif*.

23. CAROTTE. — Les carottes veulent être cultivées sur labour reposé et sur vieille fumure ; dans une terre fraîchement bêchée et fumée, elles sont exposées à fourcher. On les sème au printemps, en lignes, afin de pouvoir les biner facilement, et on les recouvre avec du terreau ; on les éclaircit pour qu'elles ne soient pas gênées ; on sarcle, on bine et on arrose souvent.

On peut en semer en juillet, qu'on laisse en terre pendant l'hiver, en les couvrant.

Fig. 55. — Carotte.

24. BETTERAVE. — La betterave exige un terrain

raffermi et frais. On sème en lignes au printemps, puis on
éclaircit le plant; on sarcle, on donne plusieurs binages et
on arrose quelquefois. En les arrachant, il faut éviter d'en-
dommager les racines, car elles ne se conserveraient pas.

25. Radis. — On sème les radis à la fin de l'hiver, tous
les quinze jours, pour en avoir sans interruption; on tasse
le sol et on le recouvre de terreau. Il faut les arroser souvent et abondamment; au bout de trois semaines, ils
sont bons à manger.

26. Salsifis. Scorsonère. —Le salsifis se sème en lignes,
en mars, dans une terre profonde et fraîche; il faut sarcler
et biner avec soin quand le plant est levé. On arrose de
temps à autre; on le récolte à l'automne.

La scorsonère se cultive comme le salsifis, mais elle a
l'avantage de pouvoir passer l'hiver en terre; on a soin de
couper les tiges qui montent. On la consomme au printemps.

27. Pomme de terre. — On cultive surtout la pomme
de terre en plein champ; on
ne récolte guère dans les jardins que quelques espèces précoces, qui se plantent à la fin
de février et en mars, à 0^m,50
les unes des autres. Quand
elles sont bien levées, on les
bine, puis on les butte, principalement dans les terres légères et lorsque l'année n'est
pas humide. Pour en avoir de
bonne heure, on peut en planter en novembre, en les enter-
rant profondément.

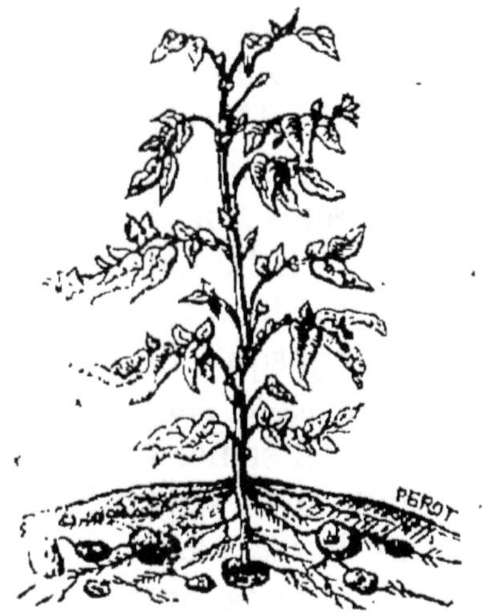

Fig. 56. — La pomme de terre

27 *bis*. Stachys du Japon.
— C'est un petit tubercule
très productif, qui est analogue à la pomme de terre et
dont les Japonais font un grand usage. On le plante au
printemps; on peut mettre plusieurs tubercules dans le
même trou. Il est rustique et passe tout l'hiver en terre;

on commence à le récolter vers la fin de novembre. Si l'on veut arracher tous les tubercules, il faut les enterrer dans du sable sec, à la cave ou dans le cellier.

C'est un légume délicieux, qui a le goût de la pomme de terre, de l'artichaut et du salsifis. On le mange frit, comme la pomme de terre, ou sauté au beurre, comme les haricots verts : il est appelé à rendre de grands services.

Légumes cultivés pour leurs fleurs.

Sommaire. — 28. Comment on cultive les choux-fleurs. — 29. Culture de l'artichaut.

28. Chou-fleur. On peut semer les choux-fleurs en mars dans des caisses en bois ou dans des pots, afin de préserver le plant, qui est très tendre, des limaçons. Quand il est assez fort, on le repique et on l'arrose souvent ; il est bon d'étendre un paillis entre les pieds de choux-fleurs, pour entretenir la fraîcheur, qu'ils aiment beaucoup. Lorsque les têtes commencent à grossir, on casse à moitié les feuilles qui les entourent, et on les rabat de manière que les têtes soient toujours cachées ; elles mûrissent ainsi à l'abri de la lumière, ce qui fait qu'elles sont plus blanches et plus tendres. On en sème aussi en mai et en juin pour en avoir jusqu'à l'hiver.

Les *brocolis* sont plus rustiques que les choux-fleurs ; on peut en semer dans le mois de juillet, pour les repiquer en août ou en septembre, dans un endroit un peu abrité ; on les laisse passer l'hiver en terre en ayant soin de les butter, et ils pomment au printemps.

29. Artichaut. — Pour multiplier l'artichaut, on arrache les œilletons qui poussent au pied, et on les plante avec leurs racines à un mètre en tous sens, vers le mois d'avril, dans une terre profonde, fumée et bien labourée ; il faut biner, sarcler, et arroser assez souvent. En novembre, on rogne l'extrémité des feuilles, qu'on attache ensemble, puis on butte la plante et on la couvre avec de la paille ou de la fougère. En mars, on écarte la terre et on donne un bon labour avec la bêche.

Fig. 57. — Artichaut.

Les principales variétés sont : l'artichaut de *Paris*, celui de *Bretagne*, et le *violet hâtif*, excellent pour être mangé cru.

Un carré d'artichauts ne dure pas plus de quatre ou cinq ans.

Légumes dont on mange les fruits.

Sommaire. — 30. Comment on cultive les melons. — 31. Soins qu'ils exigent. — 32. Culture de la citrouille. — 33. Culture de la tomate. — 34. Comment on cultive le fraisier.

30. MELON. — La culture du melon ne se fait pas de la même manière dans les diverses parties de la France. Sauf dans le Midi, où il est cultivé en plein champ, le melon ne réussit bien que sur couche. Pour faire une couche, on creuse une fosse de 1 mètre à 1^m,50 de largeur et de 0^m,40 de profondeur; on l'emplit de fumier de cheval bien chaud qu'on recouvre avec de la bonne terre, et deux ou trois jours après on sème, de distance en distance, deux graines ensemble. Au mois de juin, il faut étendre sur la planche du fumier long pour éviter le tassement du sol lors des arrosages.

Les melons ont besoin d'être taillés. Cette opération

Fig. 58. — Melon.

consiste à couper avec l'ongle les rameaux inutiles. Voici comment on la pratique. On pince la jeune tige, qui est stérile, sur deux feuilles, afin de lui faire émettre deux branches vigoureuses que l'on coupe au-dessus de la cinquième feuille, pour leur faire produire des branches latérales. Quand les fruits sont noués, on pince les tiges à un œil au-dessus du fruit. Ensuite, on supprime tous les rameaux inutiles, à mesure qu'ils poussent.

31. Les melons exigent beaucoup de soins. Il faut leur donner de l'air en soulevant les cloches, et les abriter avec des paillassons pendant les nuits fraîches du printemps; on les arrose de temps à autre et modérément. Lorsqu'ils commencent à grossir, on met une tuile dessous.

32. CITROUILLE. — La culture de la citrouille est bien plus simple que celle des melons et ne demande pas tant de précautions; elle se sème en pleine terre, et, quand les fruits sont noués, on pince de manière à n'en laisser que deux ou trois à chaque rameau; on supprime toutes les branches inutiles qui poussent ensuite.

33. TOMATE. — On sème la tomate sur place, à bonne exposition, ou on la repique; on arrose, et, quand les **fruits**

sont formés, on pince l'extrémité des tiges, qui ont besoin d'être soutenues.

34. Fraisier. — On cultive ordinairement le fraisier en bordure, le long des allées ; on le reproduit au moyen des *filets* ou *coulants* qui poussent chaque année au pied

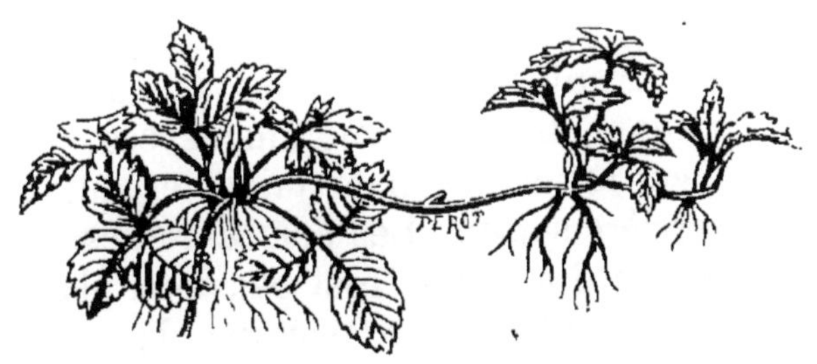

Fig. 59. — Fraisier.

et qu'on plante au mois de septembre. Il faut les arroser souvent : il est bon de les garnir d'une couche de paille. Il y a un grand nombre de variétés de fraises ; les grosses ne donnent du fruit que pendant un mois ; les petites, comme le fraisier des *Alpes* ou de *tous les mois*, en fournissent pendant toute la belle saison.

Légumes cultivés pour leurs graines.

Sommaire. — 35. Culture de la fève.— 36. Terrain qui convient aux petits pois. — 37. Comment on cultive les haricots.

35. Fèves. — Les fèves se sèment en rayons, au mois de mars. Lorsqu'elles sont levées, on les bine, et plus tard on les butte un peu. Quand les fleurs sont passées, on pince le bout des branches et de la tige, afin d'empêcher les pucerons de s'y mettre, et pour concentrer la sève sur les gousses, qui deviennent plus grosses.

36. Petits pois. — Les petits pois préfèrent un terrain léger, qui n'en ait pas produit depuis deux ans, et fumé l'année précédente ; car, dans une bonne terre, l'engrais rend les pois trop vigoureux : ils poussent en feuilles, mais donnent peu de graines. Lorsqu'on veut en avoir de bonne heure, on sème en janvier une variété qui ne rame pas, au pied d'un mur exposé au midi ; s'il survient de fortes gelées, on les abrite. On peut les pincer au-dessus de la troisième fleur ; ceux qui restent mûrissent plus tôt et deviennent plus beaux.

On dispose ensuite en rayons les autres variétés, en février et en mars. Il y a même une espèce, le *petit pois vert*, qu'on peut semer jusqu'en juillet et qui donne ses graines en arrière-saison. Les pois à rames sont préférables dans un jardin ; on ne met pas deux planches l'une à côté de l'autre, on les sépare par une planche de salades ou de carottes.

37. Haricots. — On cultive les haricots dans une terre légère précédemment fumée avec du fumier consommé. Les variétés qui ne rament pas se sèment toujours les premières, en rayons, à la fin d'avril et en mai. Quand ils sont levés, on les bine ; plus tard, on les sarcle, et, s'il est nécessaire, on les arrose modérément. Il ne faut jamais mettre, l'une à côté de l'autre, deux planches de haricots à rames ; on les sépare, comme les pois, par d'autres légumes ou par des haricots qui ne rament pas.

Animaux nuisibles. Animaux utiles.

Sommaire. — 38. Principaux animaux nuisibles. — 39. Comment on détruit les chenilles. — 40. Dégâts causés par les vers blancs et les hannetons. — Moyen de les détruire. — Utilité des oiseaux. — 41. Ravages de la courtilière. Procédé pour la détruire. — 42. Destruction des pucerons. — 43. Moyen de détruire les fourmis. — 44. Ravages des limaçons et des limaces. — 45. Utilité des hérissons, des crapauds, des lézards, des chauves-souris, etc.

38. Les jardins sont ravagés par une foule d'animaux nuisibles, difficiles à détruire. Les principaux sont : les *chenilles*, les *vers blancs* et les *hannetons*, les *courtilières*, les *pucerons*, les *fourmis*, les *limaçons* et les *limaces*.

39. CHENILLES. — Le meilleur moyen pour se débarrasser des chenilles, c'est d'écheniller les arbres, conformément aux prescriptions de la loi, qui punit ceux qui refusent ou négligent de le faire. L'échenillage se pratique à la fin de l'hiver; il consiste à couper et à ôter les nids de chenilles et les anneaux d'œufs déposés sur les petites branches, et à les faire brûler soigneusement. Mais ce moyen ne suffirait pas pour nous préserver des dégâts considérables qu'elles causent, si nous n'avions pas les oiseaux, qui en détruisent des quantités innombrables. C'est donc un devoir pour les enfants de respecter ces utiles auxiliaires, de favoriser leur multiplication en ne les

Fig. 60.
Une mésange dévorant des chenilles.

dénichant jamais et en veillant, au contraire, à ce que leurs nids ne soient pas enlevés.

Le *hibou*, la *chouette* et le *chat-huant*, ces oiseaux nocturnes que les ignorants clouent si cruellement à la porte des granges ou des écuries, rendent aux cultivateurs les plus grands services en se nourrissant des rongeurs tels que souris, rats, mulots et campagnols, qui font tant de ravages dans les récoltes.

40. HANNETONS ET VERS BLANCS. — Les hannetons sont, comme les chenilles, les plus grands ennemis des arbres, dont ils dévorent les feuilles. Pour les détruire, il faut les ramasser le matin et les enfouir dans une fosse. Les oiseaux nous

Fig. 61. — Hanneton.

sont encore très utiles, car ils en mangent beaucoup.

Le hanneton n'est pas seulement nuisible à l'état d'insecte parfait; il l'est encore sous forme de larve, dans la terre, où il reste trois ans avant de devenir hanneton : on l'appelle alors *turc* ou *ver blanc;* il se nourrit des racinés des plantes, telles que les salades et les choux, qu'il fait périr. Aussi, quand on en trouve en bêchant, il faut avoir bien soin de les tuer.

41. Courtilières. — La courtilière ou *taupe-grillon,* est un insecte qui creuse des trous dans le sol, horizontalement, et qui coupe les racines qu'il rencontre sur son passage. Pour la prendre, on enfouit, à fleur de terre, des pots dans lesquels on met un peu d'eau : la courtilière, en se promenant, tombe dedans et ne peut plus remonter. On les détruit aussi en mouillant le sol quand il fait très chaud; l'humidité les fait sortir et on les écrase.

42. Pucerons. — Les pucerons sont de petits insectes qui sucent la sève avec leur trompe. Pour les faire périr, on lave les arbres, soit avec une infusion de tabac, soit avec une dissolution de suie ou de chaux contenant un peu de sulfhydrate de soude.

43. Fourmis. — Pour détruire les fourmis, on les attire dans des bouteilles en verre blanc contenant de l'eau sucrée; on peut aussi s'en débarrasser en répandant sur la fourmilière, soit de la chaux vive pulvérisée que l'on éteint aussitôt avec de l'eau, soit de la poudre de houille ou de coke; ou bien encore en versant de l'eau bouillante sur la fourmilière.

44. Limaçons. Limaces. — Les limaçons, ou escargots, et les limaces causent de grands dégâts dans les jardins, en mangeant les feuilles de la vigne et des légumes, surtout des choux. Il faut les ramasser le matin, à la rosée, et les tuer. On les éloigne avec de la chaux, de la cendre et de la suie.

Fig. 52. — Hérisson.

45. Les hérissons, les crapauds, les lézards, les

chauves-souris, etc., nous rendent beaucoup de services, car ils en dévorent une grande quantité, ainsi que toutes sortes d'insectes nuisibles.

S'il y a des insectes qu'il faut détruire, il s'en trouve aussi qui sont utiles et qu'il est bon de connaître, afin de ne pas les tuer : tels sont les *carabes*, qui mangent les animaux nuisibles ; la *coccinelle* ou *bête au bon Dieu*, les *libellules* ou *demoiselles* et le *ver-luisant*, qui se nourrissent de pucerons.

Fig. 63. — Carabe.

TROISIÈME PARTIE

LES FLEURS

Sᴏᴍᴍᴀɪʀᴇ. — 1. Ce que c'est que les fleurs. — 2. Culture des fleurs. — 3. Ce qu'on appelle parterre.— 4. Division des plantes d'ornement. — 5. Principales fleurs annuelles. Plantes grimpantes. — 6. Principales plantes vivaces. Plantes bulbeuses. — 7. Principaux arbustes et arbrisseaux d'ornement.

1. Les fleurs sont des plantes que l'homme cultive pour son agrément, pour faire de son jardin un endroit où il se plaise.

2. Cette culture n'est pas difficile; elle n'est pas non plus très coûteuse : aussi a-t-elle pris un développement considérable. Il suffit d'avoir à sa disposition une certaine quantité de terre de bruyère, qu'on trouve dans les bois ; à défaut de cette terre, on emploie le terreau. Il faut avoir soin d'arroser souvent.

3. La partie du jardin spécialement réservée à la culture des fleurs s'appelle *parterre*. Les plantes d'ornement qui le forment sont disposées en *corbeilles* ou *massifs*, en *plates-bandes* ou en *bordures*.

4. Parmi les plantes d'ornement, il y a des *fleurs annuelles*, des *plantes vivaces* et des *arbustes* ou *arbrisseaux*.

5. Les principales fleurs annuelles ou bisannuelles sont : la *balsamine*, les *giroflées*, les *pensées*, le *pétunia* et le *réséda*, et comme plantes grimpantes : le *pois de senteur* et le *volubilis*. On les multiplie en semant leurs graines.

6. Les principales plantes vivaces sont : le *balisier*, le *chrysanthème*, le *géranium*, la *primevère* et la *violette*. Il y a aussi des fleurs vivaces qu'on appelle *plantes bulbeuses*, parce qu'elles se reproduisent au moyen des bulbes ou caïeux qui poussent au pied ; les principales sont : l'*anémone*, le *dahlia* et la *jacinthe*.

Ces plantes sont ainsi appelées parce qu'elles durent plusieurs années.

7. Les arbustes et arbrisseaux d'ornement les plus cultivés sont : le *chèvrefeuille*, l'*œillet*, le *rosier*, le *lilas*, le *seringa* et la *verveine*.

On les dirige et on les taille à peu près comme les arbres fruitiers.

Fleurs annuelles.

SOMMAIRE. — 8. Epoque à laquelle on sème la balsamine. — 9. Culture de la giroflée. — 10. Pensée. — 11. Ce que c'est que le pétunia. — 12. Culture du réséda. — 13. Le pois de senteur. — 14. Ce que c'est que le volubilis.

8. BALSAMINE. — Elle se sème au printemps; quand le plant est assez fort, on le repique à demeure. Les fleurs sont très variées et produisent bon effet dans les jardins.

9. GIROFLÉE. — Il y a de nombreuses variétés de giroflées; les fleurs ont une odeur douce et pénétrante. On sème les giroflées au printemps; on les transplante quelques mois après et elles fleurissent l'année suivante. La giroflée *quarantaine* fleurit la même année.

10. PENSÉE. — C'est une jolie fleur de différentes couleurs; elle reste fleurie presque toute l'année. Elle se cultive comme la balsamine.

11. PÉTUNIA. — C'est une plante qui produit des fleurs violettes ou blanches. On le sème en avril, et on le repique un mois après. Ses fleurs sentent bon, surtout le soir.

12. RÉSÉDA. — Il se sème en mars et en avril, à demeure; ses fleurs ne sont pas belles, mais elles exhalent un parfum très agréable.

13. POIS DE SENTEUR. — Le pois de senteur peut s'élever jusqu'à un mètre de haut. Les fleurs sont jolies et répandent une odeur délicieuse.

14. VOLUBILIS. — C'est une plante grimpante qui peut monter très haut; il produit de jolies fleurs blanches, rouges ou violettes, qui n'ont pas d'odeur.

Plantes vivaces.

Sommaire. — 15. Ce que c'est que le balisier. — 16. Comment se multiplie le chrysanthème. — 17. Culture du géranium. — 18. Ce que c'est que la primevère. — 19. Ce que c'est que la violette. — 20. Comment se reproduit l'anémone. — 21. Ce que c'est que le dahlia. — 22. La jacinthe.

15. Balisier. — C'est une plante dont la tige atteint une assez grande hauteur; ses feuilles sont larges, et ses fleurs rouges ou roses commencent à se montrer au mois d'août. On le reproduit par la séparation de ses racines tuberculeuses, qu'on arrache avant l'hiver, et qu'on conserve à l'abri des gelées.

16. Chrysanthème. — Il se multiplie par éclats et par boutures; ses fleurs ont des couleurs très variées. Les tiges s'élèvent à plus d'un mètre de haut.

17. Géranium. — Le géranium se reproduit de boutures; ses fleurs sont assez variées. Il craint les gelées; aussi faut-il avoir soin de le rentrer avant l'hiver.

18. Primevère. — C'est une fleur qui apparaît dès les premiers jours du printemps; il y en a de différentes couleurs. On la multiplie principalement par la séparation des touffes.

19. Violette. — La violette est la plus humble des fleurs; aussi en a-t-on fait l'emblème de la modestie. Elle se cache dans l'herbe, mais son délicieux parfum trahit sa présence et la rend digne d'occuper la première place dans un parterre. On la reproduit par la séparation de ses touffes; elle fleurit de bonne heure.

20. Anémone. — Elle se multiplie au moyen des tubercules qui poussent au pied; ses fleurs sont très variées.

21. Dahlia. — C'est une plante dont les tiges ont plus d'un mètre de hauteur, et qui donne des fleurs magnifiques, de toutes les couleurs. On arrache ses tubercules en novembre et on les plante au printemps suivant.

22. Jacinthe. — Elle produit de jolies petites fleurs en forme de clochettes, qui exhalent un parfum très agréable. Il y en a de différentes couleurs.

Arbustes et arbrisseaux d'ornement.

SOMMAIRE. — 23. Ce que c'est que le chèvrefeuille. — 24. L'œillet. — 25. Culture du rosier. — 26. Ce que c'est que le lilas. — 27. Comment on reproduit le seringa. — 28. Ce que c'est que la verveine.

23. CHÈVREFEUILLE. — C'est une plante grimpante dont les fleurs sont très odorantes. On le multiplie par marcottes; quand il est bien exposé, il garnit promptement une surface considérable.

24. ŒILLET. — C'est un petit arbrisseau à souche ligneuse et à rameaux herbacés, dont les fleurs sont très jolies et répandent une odeur agréable. On le reproduit par semis, par marcottes ou par boutures.

25. ROSIER. — C'est un des arbustes les plus répandus. Il se multiplie de bien des manières; on peut même le greffer en écusson sur *églantier* ou *rosier sauvage.*

Les variétés de roses sont très nombreuses; il y en a de roses, de rouges, de jaunes et de blanches.

La rose exhale un parfum délicieux : c'est la reine des fleurs.

26. LILAS. — C'est un arbrisseau qui peut atteindre une assez grande hauteur; il fournit au printemps des grappes de fleurs odorantes, qui sont blanches ou violettes.

On le multiplie par rejetons ou par éclats; c'est un des plus beaux ornements du jardin.

27. SERINGA. — On reproduit le seringa par boutures, par rejetons ou par éclats. Ses tiges peuvent s'élever jusqu'à 3 mètres de haut. Ses fleurs blanches, très odorantes, apparaissent en juin.

Il est rustique, et vient partout.

28. VERVEINE. — C'est une plante rampante qui produit de belles fleurs; elles durent une partie de l'été et répandent une odeur agréable. Il y en a de toutes les couleurs. On la multiplie par boutures ou par marcottes.

ARBORICULTURE

PREMIÈRE PARTIE

LES ARBRES FRUITIERS

GREFFE. — TAILLE

SOMMAIRE. — 1. Ce que c'est que l'arboriculture. — 2. Les arbres fruitiers. — 3. Comment on les multiplie. — Semis. — Pépinière. — 4. Multiplication par rejetons ou sauvageons. — 5. Transplantation des arbres.

1. L'arboriculture est la culture des arbres, principalement des arbres fruitiers.

2. Les arbres fruitiers sont des végétaux ligneux, vivaces, que l'on cultive dans les jardins ou dans les vergers pour en obtenir des fruits.

3. Il ne faut pas croire qu'ils se reproduisent directement par le semis, et qu'en semant un pépin de poire *duchesse*, par exemple, on aura un poirier semblable : il faudra, pour cela, le *greffer*.

Par le semis, on obtient des sujets appelés *francs*, que l'on transplante à demeure après les avoir greffés ; on pourrait aussi les greffer après la plantation.

Les jardiniers font ces semis dans un terrain préparé à l'avance, et appelé *pépinière*, dans lequel ils élèvent toutes sortes d'arbres fruitiers. Les sujets les plus jeunes sont les meilleurs ; on les reconnaît à leur peau claire. Un sujet d'un an vaut mieux que celui qui a trois ou quatre ans.

4. A la campagne, on peut se procurer aisément les

arbres fruitiers que l'on désire. On prend dans les bois des *rejetons* ou *sauvageons*, que l'on transplante dans son jardin, et que l'on greffe l'année suivante.

5. Lorsqu'un arbre est greffé et qu'on veut le transplanter à demeure, il faut prendre certaines précautions. D'abord, on choisit une époque convenable, généralement le mois d'octobre, sauf dans les terres un peu compactes, où il vaut mieux planter au printemps.

On creuse, plusieurs mois à l'avance, un trou de un à deux mètres carrés, et d'un mètre de profondeur, en ayant soin de mettre la bonne terre de côté. En arrachant l'arbre, il faut éviter de casser ou de déchirer les racines, dont on coupe l'extrémité ; on met, au fond de la fosse, une couche de terreau de manière à former un monticule sur lequel on étend les racines, que l'on recouvre de bonne terre. Ensuite, on remplit le trou avec la terre qu'on en avait extraite, et à laquelle on mélange un peu de fumier.

On fume les arbres pendant trois ou quatre ans seulement ; au bout de ce temps, s'ils sont beaux, bien développés, on ne les fume plus : l'engrais les empêcherait de produire des fruits.

Greffe.

SOMMAIRE. — 6. Ce que c'est que la greffe. — 7. Conditions pour que cette opération réussisse. — 8. Différentes sortes de greffes. — 9. Greffe en approche. — 10. Ce que c'est que la greffe en fente. — 11. Comment elle se fait. — 12. Greffe en couronne. — 13. Comment on la pratique. — 14. Greffe en écusson. — 15. Comment on la fait. — 16. Deux sortes de greffes en écusson.

6. La greffe est une opération qui a pour but de conserver et de multiplier les bonnes espèces en faisant produire aux arbres les fruits que l'on désire. Elle consiste à placer sur un végétal une branche qui se développe comme si elle avait toujours fait partie de ce végétal.

La plante sur laquelle on place un rameau s'appelle *sujet*, et ce rameau porte le nom de *greffon*.

7. Pour que cette opération réussisse, il est nécessaire que le greffon appartienne à la même espèce que le sujet, ou à une variété à peu près semblable : ainsi, on ne pourrait pas greffer un poirier sur un prunier, mais on le greffe bien sur un cognassier. Il faut, en outre, que les écorces du greffon et du sujet coïncident parfaitement.

8. Les principales sortes de greffes sont : la *greffe en approche*, la *greffe en fente*, la *greffe en couronne*, et la *greffe en écusson*.

9. GREFFE EN APPROCHE. — Elle est ainsi appelée parce qu'elle consiste à *rapprocher* deux branches

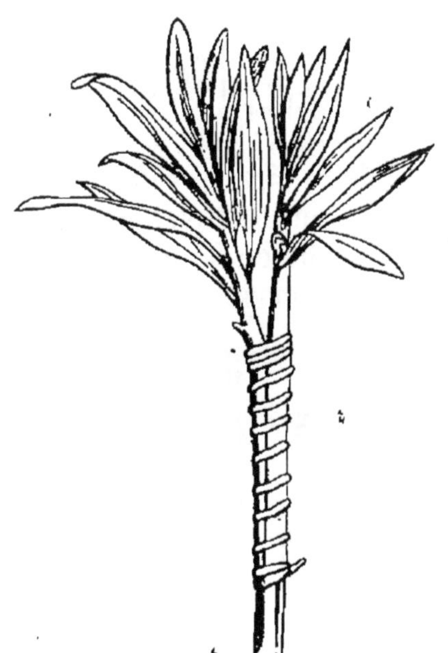

Fig. 64. — Greffe par approche.

sur chacune desquelles on fait une entaille longitudinale de même longueur ; on les soude l'une à l'autre au moyen d'une ligature. L'année suivante, on détache le greffon de son ancienne tige et on supprime la tête du sujet.

10. GREFFE EN FENTE. — Elle est ainsi nommée parce qu'on place le rameau dans une *fente* que l'on a faite sur le sujet.

11. On choisit, quelque temps à l'avance, parmi les branches de l'année précédente, un petit rameau muni de trois ou quatre bons

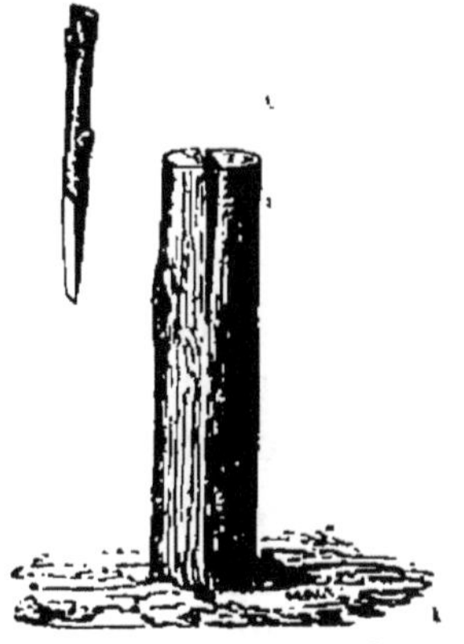

Fig. 65. — Greffe en fente.

yeux, au milieu de la branche, et on le conserve à la cave. On coupe le sujet à la hauteur convenable, puis on fend la tige, et, pour maintenir la fente ouverte, on y enfonce un petit coin de bois. On introduit dans la fente le rameau qu'on a préalablement taillé en biseau, et, après s'être assuré qu'il est bien placé, on retire le coin de bois ; alors le greffon se trouve serré par le sujet, qui le maintient en place. Malgré cela, il est bon de ligaturer le tout ; ensuite on recouvre le greffon et le sujet avec de la cire à greffer, ou tout simplement avec de l'argile, et on les enveloppe avec un linge ou de la mousse.

La greffe en fente se fait au printemps.

12. Greffe en couronne. — Cette greffe, qui se rapproche de la précédente, consiste à placer plusieurs rameaux entre le bois et l'écorce d'un tronc d'arbre : elle n'est guère employée que pour les gros arbres.

Fig. 66.
Greffe en couronne.

13. On scie le trône horizontalement, puis, avec un morceau de bois dur, on soulève doucement l'écorce, et on introduit tout autour plusieurs greffons taillés en *bec de plume*, de telle sorte que les écorces du greffon et du sujet soient en contact. On maintient les greffons avec des liens, et on recouvre le tout avec de la cire à greffer.

14. Greffe en écusson. — C'est une des plus faciles et des plus répandues.

15. Pour greffer en écusson, on choisit, sur le sujet, l'endroit le plus uni ; on fait, sur l'écorce, deux incisions, l'une verticale et l'autre horizontale, ayant la forme d'un **T** ; puis, avec un petit coin de bois dur aminci, on soulève doucement l'écorce de chaque côté de l'incision verticale, afin d'y introduire le greffon, appelé *écusson*, de manière que le haut de l'écusson coïncide avec l'incision horizontale. (Cet écusson est un *œil* ou *bourgeon* bien formé, et situé au milieu d'une branche de l'année précédente, que l'on enlève avec un peu d'écorce, en ayant soin de ne pas couper la racine de l'œil.) On entoure le tout avec de la laine, mais en évitant de cacher l'œil.

16. Il y a deux sortes de greffes en écusson : 1° la *greffe à œil poussant*, qu'on nomme ainsi parce qu'elle se

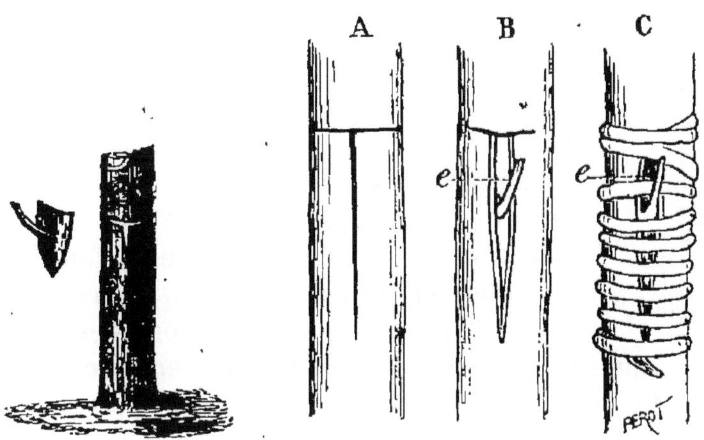

Fig. 67. — Greffe par écusson.

fait au printemps et que le bourgeon pousse immédiatement ; 2° la *greffe à œil dormant*, ainsi appelée parce qu'on ne la pratique qu'à la fin de l'été, de sorte que l'œil ne pousse qu'au printemps suivant.

Taille.

SOMMAIRE. — 17. Ce que c'est que la taille. — 18. Instruments dont on se sert. — 19. Forme de la coupe. — 20. Principes généraux de la taille. — 21. Comment on fait pour qu'un rameau devienne une branche à bois ou une branche à fruits. — 22. Moyen d'équilibrer un arbre par la direction des branches. — Direction verticale. Direction horizontale. — 23. Différentes formes des arbres. — 24. En quoi consiste la palmette. — 25. Ce que c'est que la pyramide. — 26. En quoi consiste le cordon horizontal.

17. La taille est une opération qui a pour but de développer lès arbres en leur donnant des directions convenables, et de leur faire produire des fruits plus beaux et plus savoureux. Elle se fait à la fin de février et en mars.

18. Pour tailler, on se sert de la serpette et du sécateur ; on n'emploie guère ce dernier que pour la vigne. La serpette convient mieux pour les arbres fruitiers, parce qu'elle fait une plaie plus nette ; il y a même des arbres, le pêcher surtout, qu'il ne faut pas tailler avec le sécateur.

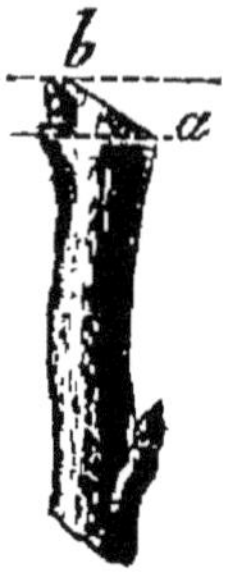

Fig. 68.
Coupe
de la taille.

19 La coupe, c'est-à-dire la surface coupée, doit avoir la forme d'un léger bec de flûte, afin que la pluie ne reste pas dessus. Il est bon, surtout pour les arbres à noyau, de la recouvrir d'argile, ou mieux de cire à greffer.

20. Avant de tailler un arbre, il faut l'examiner pour savoir s'il est bien équilibré, c'est-à-dire si les branches sont aussi fortes et en aussi grande quantité d'un côté que de l'autre ; ensuite, il faut voir s'il doit être poussé à fruits, ou à bois. Quand l'arbre croît vigoureusement et fournit beaucoup de branches à bois, il faut l'arrêter et lui faire produire des fruits ; si, au contraire, il ne pousse pas et ne donne que quelques branches à fruits, il faut lui faire émettre des branches à bois.

21. Pour cela, on coupe le rameau très court, à un ou deux yeux qui produisent alors une ou deux branches à bois vigoureuses.

Si l'on veut avoir des branches à fruits, au lieu de tailler court, on taille long, en laissant sept ou huit bourgeons sur le rameau.

22. L'arbre est un être organisé qui ne doit pas être mutilé inutilement. Lorsqu'un arbre pousse plus vigoureusement d'un côté que de l'autre, il faut rétablir l'équilibre ; on se base pour cela sur ce fait, que *la sève tend à monter verticalement ;* alors, on fait prendre aux branches du côté le plus faible une direction verticale, et on les taille court ; tandis qu'on donne aux rameaux du côté le plus vigoureux une direction horizontale, et qu'on les taille long : quelquefois même on les courbe pour entraver la circulation de la sève.

23. On peut donner aux arbres différentes formes ; les principales sont : la *palmette,* la *pyramide* et le *cordon horizontal.*

24. La palmette consiste à faire aller les branches horizontalement, à droite et à gauche. La forme indiquée par la figure 69 est très avantageuse, parce que la courbure des branches favorise la mise à fruits.

Fig. 69. — Palmette.   Fig. 70. — Pyramide.

25. La pyramide est une forme dans laquelle les rameaux vont en diminuant de longueur de la base au sommet.

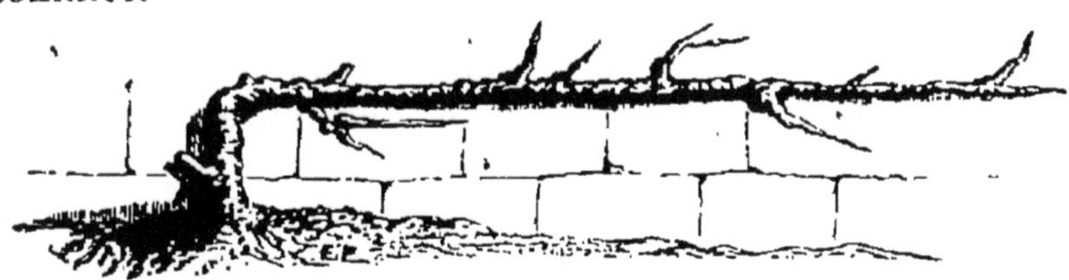

Fig. 71. — Cordon horizontal.

26. Le cordon horizontal consiste à faire prendre à la tige une direction horizontale ; cette forme est surtout employée pour les pommiers nains.

DEUXIÈME PARTIE

PRINCIPAUX ARBRES FRUITIERS

Pommier. Poirier.

SOMMAIRE. — 1. Principaux arbres fruitiers. — Choix des arbres d'après la nature du sol. — 2. Culture du pommier. — 3. Culture du poirier. — 4. Récolte et conservation des pommes et des poires.

1. Les principaux arbres fruitiers cultivés dans les jardins sont : le *pommier*, le *poirier*, le *pêcher*, l'*abricotier*, le *prunier* et le *cerisier*. On peut cultiver aussi le *cognassier*, le *figuier*, l'*amandier*, le *framboisier*, le *groseillier* et la *vigne*. Le pommier, le poirier et le cognassier donnent des fruits à pépins ; le pêcher, l'abricotier, le prunier, le cerisier et l'amandier, des fruits à noyau.

Avant de planter des arbres, il est nécessaire d'étudier la nature du sol, car les arbres fruitiers à noyau ne réussissent que dans une terre calcaire, tandis que les arbres fruitiers à pépins préfèrent un terrain où il y ait peu de calcaire.

2. POMMIER. — C'est un des arbres fruitiers les plus cultivés ; son fruit est excellent. On le multiplie en le greffant sur sauvageon ou sur franc.

Lorsqu'on veut avoir des pommiers nains, il faut greffer sur deux espèces particulières, appelées *doucin* et *paradis*.

On pince le pommier sur sept feuilles pour que les yeux à bois puissent se transformer en boutons à fruits.

Les meilleures variétés sont : les *reinettes*, le *calville blanc* et la *pomme d'api*.

En Normandie et en Bretagne, où la vigne ne peut réussir, on cultive en grand le pommier à *cidre*.

3. Poirier. — Il est presque aussi répandu que le pommier. On le reproduit en le greffant sur sauvageon, sur franc ou sur cognassier. Sur cognassier, il donne des fruits plus promptement, mais les arbres greffés ainsi vivent moins longtemps.

Le poirier met trois ans pour constituer ses bourgeons à fruits. On ne doit jamais pincer trop court; il faut laisser au moins huit feuilles pour que les boutons à fruits puissent se former.

Fig. 72. — Poire.

Les meilleures espèces sont : le *doyenné de juillet* et la *madeleine*, qui sont très précoces; la *duchesse*, le *beurré d'Amanlis*, la *Louise bonne d'Avranches*, le *bon chrétien*, ainsi que différents *doyennés* et *beurrés*. Parmi les espèces tardives, on distingue surtout le *doyenné d'hiver* et la *crassane*.

4. On cueille les pommes et les poires à la main, lorsqu'elles sont bien mûres; la récolte se fait à différentes reprises et toujours par un temps chaud. On dépose d'abord les fruits, avec précaution, dans un endroit sec et bien aéré, afin qu'ils se ressuient. Ensuite, on les range dans une pièce non éclairée au premier étage, sur des planches où rayons, de manière qu'ils ne se touchent pas.

On les visite de temps à autre pour enlever ceux qui pourrissent.

Pêcher. Abricotier. Prunier. Cerisier.

SOMMAIRE. — 5. Comment se multiplie le pêcher. — 6. Comment on reproduit l'abricotier. — 7. Comment se cultive le prunier. — 8. Soins qu'exige le cerisier.

5. PÊCHER. — Cet arbre, qui est originaire d'Asie, se multiplie en le greffant sur lui-même, sur amandier ou sur prunier. Il se greffe en écusson.

Pour qu'il donne de beaux fruits, on le dirige en espalier, le long d'un mur ; il exige alors beaucoup de soins. Sa taille est difficile et repose sur ce principe que, contrairement aux arbres fruitiers à pépins : *une branche qui a fourni du fruit une fois n'en donne plus ; elle ne peut produire qu'une jeune branche qui ne sera également productive qu'une fois.* En conséquence, il faut, tout en conservant autant que possible la récolte de

Fig. 73. — Pêche.

l'année, tailler, puis à l'été pincer, de manière à assurer la récolte de l'année suivante. On ne doit jamais tailler le pêcher trop court : cela le tue.

On peut aussi le cultiver en plein vent : il demande peu de soins ; les fruits sont plus savoureux, mais moins gros. Comme tous les autres arbres fruitiers à noyau, d'ailleurs, il réussit mieux ainsi qu'en espalier, parce que ces arbres n'aiment pas à être taillés.

6. ABRICOTIER. — L'abricotier, qui se rapproche beaucoup du pêcher, se reproduit en le greffant en écusson sur prunier ou sur amandier ; il n'aime pas les terres humides. Dirigé en espalier, il se taille comme le pêcher.

Il craint beaucoup les gelées du printemps, qui compromettent très souvent la récolte.

7. PRUNIER. — Cet arbre, qui vient d'Amérique, se cultive aussi bien en plein vent qu'en espalier. Il aime une terre un peu fraîche.

Quelques espèces, comme **la** *Sainte-Catherine* et la *reine-Claude*, se reproduisent par le semis de leurs noyaux, sans qu'il soit nécessaire de les greffer; mais les autres se multiplient par la greffe en fente ou la greffe en écusson.

Les meilleures prunes sont : la *reine-Claude*, la *prune d'Agen* et la *mirabelle*.

8. CERISIER. — La culture du cerisier exige peu de soins, car il vient bien dans tous les terrains, pourvu qu'ils ne soient pas humides; il se .plaît beaucoup dans les sols pierreux qui, de leur nature, sont stériles.

Fig. 74. — Cerises.

Il se greffe sur sauvageon ou sur merisier; on le cultive généralement en plein vent.

- - -

Cognassier. Figuier. Amandier. Framboisier. Groseillier.

SOMMAIRE. — 9. A quoi sert le cognassier. — 10. Comment se cultive le figuier. — 11. Culture de l'amandier. — 12. Comment on cultive le framboisier. — 13. Culture du groseillier

9. COGNASSIER. — Il sert surtout à former des sujets pour la greffe des poiriers; cependant, on le cultive aussi pour ses fruits qui sont employés dans la consommation : on en fait de la liqueur et des confitures qui ont des propriétés astringentes.

La conservation des coings se fait comme celle des pommes et des poires.

10. Figuier. — Le figuier, qui est surtout cultivé dans le midi de la France, se multiplie par les rejetons qui poussent au pied. Il doit être mis à l'abri d'un mur, principalement dans le Nord, parce qu'il craint les gelées.

Il n'a pas besoin d'être taillé.

11. Amandier. — Cet arbre, originaire d'Asie, exige peu de soins; il se reproduit de semis, et on greffe en écusson les variétés que l'on désire, sur les plants provenant de semis.

Comme il fleurit de bonne heure, et que ses fleurs sont sujettes à geler, il vaut mieux lui donner une exposition au nord, afin de retarder sa végétation.

12. Framboisier. — On cultive le framboisier dans la partie du jardin la moins bonne, parce qu'il n'est pas exigeant. Au printemps, on supprime les branches qui ont porté du fruit, et on coupe à un mètre de hauteur les tiges qui ont poussé l'année précédente.

13. Groseillier. — Il se reproduit de bouture. Sa taille consiste à supprimer les vieilles branches et à enlever la plupart des rejetons qui poussent au pied. Il y en a trois variétés : le *groseillier ordinaire*, à fruits blancs ou rouges, le *groseillier noir* ou *cassis*, et le *groseillier épineux* ou *à maquereau*.

Vigne.

Sommaire. — 14. Ce que c'est que la vigne. — 15. Sa culture dans les jardins. — 16. Avantage de la vigne. — 17. Principaux cépages. — 18. Comment on reproduit la vigne. — Bouture. — Marcottage ou provignage.—19. Plantation de la vigne. Fumure. — 20. Taille.— 21. Façons.—22. Vendange.— 23. Le phylloxéra. — 24. L'oïdium. Le mildew.

14. La vigne est un arbuste qui produit des fruits appelés raisins, avec lesquels on fait le vin. C'est un des végétaux les plus précieux et qui contribuent le plus à la richesse de la France; car nos vins sont excellents et très estimés des étrangers, qui en achètent des quantités considérables. Les plus renommés sont les vins rouges de Bordeaux et de Bourgogne, et les vins blancs de Champagne.

15. Dans les jardins, on donne à la vigne la forme de *treilles*, dans lesquelles les branches sont dirigées horizontalement, le long des murs ou en cordons, et de *berceaux* ou *tonnelles* dont la partie supérieure est ordinairement arrondie en forme de voûte. On n'y cultive guère que le raisin *madeleine noire*, qui est très précoce, et le *chasselas de Fontainebleau*.

16. Le grand avantage de la vigne, c'est qu'elle se cultive dans la plupart des terrains, pourvu qu'ils ne soient pas humides ni trop profonds ; elle réussit même bien dans les sols pierreux qui ne pourraient pas produire d'autres récoltes. Elle se plaît surtout dans les terrains en pente, exposés au midi, car il lui faut de la chaleur.

Les vignes blanches préfèrent les terrains crayeux et siliceux, situés au-dessus d'un sous-sol crayeux ; les vignes rouges, au contraire, n'aiment pas le calcaire, et veulent une terre siliceuse.

17. Il y a un nombre considérable de cépages différents, c'est-à-dire de variétés de vignes à raisins blancs et à raisins noirs. Les plus cultivés en France sont : le *pineau*, le *grenache*, le *côt* et le *breton*.

18. On reproduit la vigne par la bouture ou le marcottage, rarement par le semis. Pour faire une bouture, on prend un sarment muni d'un peu de bois de l'année précédente, et on le couche dans la terre, où il s'enracine ; on le transplante l'année suivante. Le marcottage des vignes, qu'on appelle *provignage*, consiste à déchausser le pied des vieux ceps, à une profondeur de 0ᵐ,20 et à courber dans la terre un sarment vigoureux que l'on a conservé exprès à la taille ; on a soin de laisser un ou deux yeux hors de terre. Ce plant se nomme *provin*. Quand les provins sont bien enracinés, au bout d'un an, on les sépare du cep.

19. Pour planter la vigne, on fait ordinairement des tranchées dans lesquelles les racines de la bouture sont étalées et recouvertes de la meilleure terre de la surface, qu'on a mise de côté. On espace plus ou moins les plants selon les cépages et la manière dont on cultive la vigne. Autrefois, les ceps étaient plantés irrégulièrement et assez près les uns des autres ; aujourd'hui, on les dispose généralement en lignes, afin de pouvoir labourer les vignes à la charrue.

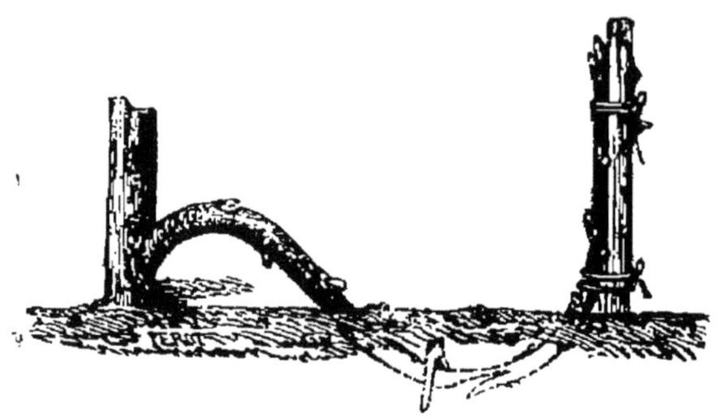

Fig. 75. — Marcottage.

Il ne faut pas donner à la vigne une fumure trop abondante ; on obtiendrait ainsi beaucoup de raisins, mais le vin serait moins bon : les meilleurs crus reçoivent peu de fumier à la fois. On ne doit pas non plus mettre du fumier en fermentation. Après le fumier, les meilleurs engrais pour les vignes sont les engrais minéraux.

20. La taille de la vigne est une opération importante. Elle repose sur ce fait que les raisins naissent sur les branches qui repoussent chaque année ; il faut donc tailler les sarments qui viennent de donner du fruit, à un ou deux yeux, de manière que les pousses nouvelles se développent le plus près possible des branches anciennes. La taille se fait habituellement à la fin de l'hiver.

21. La vigne réclame au moins trois façons. La première se donne après la taille ; la deuxième, quand le fruit est noué, et la troisième, quand les raisins commencent à mûrir. Ces façons se font à l'aide de la charrue dans les vignes plantées en lignes ; dans les autres, elles se donnent à la main avec des houes de différentes formes.

22. La récolte des raisins s'appelle *vendange*. Elle se fait quand les raisins sont bien mûrs; elle a lieu à différentes époques suivant les pays et les divers cépages, de la mi-septembre à la fin d'octobre.

La vendange est une opération très importante, qui doit être exécutée rapidement. Quand les raisins rouges sont cueillis, on les porte dans une cuve où on les foule, et dans laquelle on les laisse pendant un temps plus ou moins long; c'est alors que s'opère la fermentation, c'est-à-dire la transformation du sucre en alcool qui reste dans le vin, et en acide carbonique qui se dégage. Lorsqu'elle est terminée, on tire le vin; ensuite, on porte le marc au pressoir et on le pressure pour obtenir du vin qu'on mélange généralement avec le premier.

Le vin blanc ne se fait pas de la même manière. Au lieu de mettre les raisins blancs fermenter dans une cuve, on les porte de suite au pressoir pour en extraire le vin; la fermentation a lieu dans les tonneaux.

23. La vigne est exposée depuis plusieurs années aux attaques d'un petit insecte terrible, qui a ruiné déjà des départements entiers dans le midi et dans l'ouest de la France : c'est le *phylloxéra*, insecte ailé qui se reproduit avec une rapidité effrayante, et fait périr les vignobles sur lesquels il s'abat. Il est d'autant plus redoutable qu'on n'a pas encore pu trouver un moyen efficace de le combattre, quoi-

Fig. 76. — Phylloxéra.

que un prix de 300 000 francs soit réservé à l'inventeur du procédé capable de détruire cet ennemi de notre richesse viticole. L'immersion des vignes, dans les localités où elle a pu être pratiquée, a donné de bons résultats, ainsi que l'emploi du sulfure de carbone, conseillé par un savant illustre, M. Dumas.

C'est par des plants américains que cet insecte a été introduit en France.

On essaye de reconstituer les vignobles qu'il a ravagés en greffant nos cépages sur des plants américains, qui sont réfractaires au phylloxéra ; les résultats obtenus sont assez satisfaisants.

24. La vigne est encore exposée à une autre maladie causée par un parasite végétal appelé *oïdium*, que l'on détruit avec du soufre en poudre.

Depuis quelques années, un autre parasite végétal, appelé *mildew* ou *mildiou*, occasionne aussi de grandes pertes. On le combat efficacement avec différents remèdes connus sous les noms d'*eau céleste*, de *bouillie bordelaise* et de *bouillie bourguignonne* ; ils sont tous préparés en mélangeant du sulfate de cuivre ou couperose bleue, avec de l'ammoniaque, ou de la chaux, ou du carbonate de soude.

Ces remèdes sont surtout préventifs, c'est-à-dire qu'ils doivent être appliqués avant l'apparition de la maladie.

EXERCICES DE RÉDACTION

PRÉPARATOIRES A L'EXAMEN DU CERTIFICAT D'ÉTUDES

AGRICULTURE

PREMIÈRE PARTIE

I. — Nécessité de l'instruction en agriculture (pages 15 à 18).

Votre cousin, âgé de onze ans, vous a écrit que son père, qui est cultivateur, va le retirer de l'école sous prétexte qu'il en sait bien assez long pour labourer la terre et que, d'ailleurs, on a besoin de lui pour mener les bestiaux aux champs.

Vous lui répondez pour l'engager à prier son père de le laisser à l'école; vous lui indiquerez les raisons qu'il pourrait faire valoir, notamment la nécessité pour le cultivateur d'être instruit afin de savoir comment les plantes se développent et quels sont les principes nutritifs qui leur sont nécessaires, etc.

II. — L'amélioration des terres (pages 19 à 24).

Dites quelle est la composition des terres dans votre commune, comment on les améliore, quels sont les amendements qu'on devrait y mettre et qui se trouvent dans la localité ou dans les environs.

III. — Emploi des engrais (pages 24 à 30).

Exposez de votre mieux les leçons que votre instituteur vous a faites sur les engrais, leur emploi, les soins à donner au fumier et au purin, etc. Vous indiquerez un moyen bien simple pour savoir quelle nature d'engrais exige tel ou tel sol; vous direz comment on fait l'analyse approximative d'une terre, et la précaution qu'il faut prendre pour éviter la fraude dans l'achat des engrais.

IV. — Avantages du drainage et de l'irrigation (pages 30 à 35).

Il y a, dans votre domaine, un terrain assez étendu dont le sous-sol est imperméable, et une prairie naturelle qui manque d'eau. Après vous avoir souvent entendu lire dans votre livre d'agriculture les avantages du drainage et de l'irrigation, votre père s'est décidé, après avoir bien réfléchi et minutieusement calculé la dépense, à faire drainer ce terrain et à amener les eaux qui y séjournaient dans un fossé qu'il a disposé de façon à pouvoir arroser sa prairie : d'où un double profit ; le pré produit bien davantage de foin, et le terrain donne des récoltes beaucoup plus abondantes.

Vous écrivez cela à votre frère, qui est soldat dans les colonies, et vous terminez votre lettre en insistant sur l'utilité des notions d'agriculture qu'on reçoit à l'école et qu'il avait l'air de dédaigner.

DEUXIÈME PARTIE

V. — **Les instruments aratoires** (pages 36 à 44).

Vous avez visité un concours agricole avec votre père, qui a surtout examiné les instruments aratoires et les machines agricoles ; vous décrivez ceux que vous avez vus, en les comparant avec ceux qui sont en usage dans votre commune ; vous indiquerez leur emploi ainsi que l'utilité des labours profonds, des hersages, des roulages, des buttages, des binages, etc.

VI. — **Le choix des semences** (pages 45 à 49).

Exposez la leçon que votre maître vous a faite sur le choix des semences, de manière à bien faire ressortir, même par des chiffres, l'importance de cette question ; vous direz ce que l'on fait, sous ce rapport, dans votre commune et vous indiquerez le procédé économique en même temps que fructueux qui pourrait être employé partout. Vous terminerez en disant quelques mots du chaulage des semences et de tout ce que vous savez sur les semailles.

VII. — **La fenaison. La moisson** (pages 49 à 54).

Vous écrivez à votre petit cousin, qui habite Paris, pour l'inviter, de la part de vos parents, à venir passer le mois de juillet chez vous, à la campagne. Vous lui dites qu'on vient de faire la récolte des foins, que vous lui expliquez en décrivant les instruments dont on se sert ; vous terminez votre lettre en l'informant qu'il pourra assister à la moisson ; vous lui indiquez en quoi elle consiste en lui faisant connaître les différents instruments que l'on emploie.

TROISIÈME PARTIE

VIII. — **Culture des céréales** (pages 55 à 60).

Un de vos amis de Paris, qui n'est jamais allé à la campagne, vous a demandé de lui expliquer en quelques mots la culture des céréales, particulièrement celle du blé, de l'orge, de l'avoine, du maïs et du sarrasin.

Répondez-lui.

IX. — Les graines légumineuses. La pomme de terre
(pages 60 à 63).

Votre cousin, qui habite une grande ville, a entendu dire plusieurs fois à son père que sans les haricots et la pomme de terre les pauvres seraient bien malheureux; il vous a demandé, dans sa dernière lettre, ce que c'est que ces plantes et comment on les cultive.

Répondez-lui en disant tout ce que vous savez sur les graines légumineuses et la pomme de terre.

X. — Les herbivores (pages 63 à 67).

Un de vos camarades, qui a quitté très jeune votre pays pour aller demeurer à la ville avec ses parents, vous a écrit qu'il avait appris en histoire naturelle que le cheval, l'âne, le bœuf, la vache, le mouton, etc., sont des *herbivores*, mais qu'il ne connaît pas les herbes dont ils se nourrissent, et il vous demande des renseignements à ce sujet.

Répondez-lui en disant ce que vous savez sur les prairies naturelles et artificielles, ainsi que sur les racines fourragères.

XI. — Les cultures de votre pays (pages 68 à 74).

Vous écrivez à votre cousin, qui n'habite pas la même partie de la France que vous, pour lui faire connaître les principales cultures de votre commune.

XII. — L'assolement (pages 74 à 78).

Votre grand frère vient de louer une ferme dans un département voisin; comme il a peu de notions agricoles et qu'il sait que vous aimez à étudier l'agriculture, il vous a écrit pour vous demander de lui exposer ce que vous avez appris sur l'assolement, quels sont les principes qui doivent guider dans le choix d'un assolement, etc.

Répondez-lui.

QUATRIÈME PARTIE

XIII. — Soins à donner aux animaux domestiques
(pages 79 à 85).

Vous avez remarqué que le père X... donne continuellement des coups de fouet à son cheval, qui n'en marche pas plus vite, et que le pauvre animal est maigre, rétif et peu vigoureux; tandis que l'âne de votre voisin, qui n'est jamais battu, est doux, fort, et trotte beaucoup mieux que le cheval du père X...

Dites d'où vient cette différence, et exposez sommairement ce que vous savez sur les animaux domestiques, la manière dont ils doivent être nourris et traités, etc.

XIV. — **La basse-cour** (*pour les filles*) (pages 85 à 87).

Dites comment vous feriez si vous aviez, plus tard, une basse-cour à diriger, quelles sont les volailles que vous élèveriez, et de quelle manière vous les nourririez.

XV. — **Utilité des abeilles** (pages 87 à 92).

Montrez qu'en élevant des abeilles un cultivateur a double profit : 1° par le produit des ruches ; 2° par l'augmentation de ses récoltes.

Si l'on élève les vers à soie dans votre commune, vous direz comment on les nourrit, et les avantages qu'ils procurent.

CINQUIÈME PARTIE

XVI. — **Economie rurale et comptabilité agricole**
(pages 93 à 102).

Votre cousin, étant venu vous voir au premier de l'an, a été très étonné de ce que votre père a des registres sur lesquels il inscrit ses comptes à peu près comme le font les commerçants. Votre père lui a donné en votre présence quelques explications qui l'ont vivement intéressé ; mais, comme il n'a pas tout compris et qu'il craint d'oublier ce qui lui a été dit, il vous a prié, avant de partir, de lui envoyer une lettre dans laquelle vous direz ce que vous savez sur l'économie rurale et la comptabilité agricole..

Faites cette lettre. (Les filles diront quelques mots sur la petite comptabilité que doit tenir la fermière et sur les connaissances que celle-ci doit posséder.)

HORTICULTURE

PREMIÈRE PARTIE

XVII. — **Agréments et avantages du jardinage**
(pages 103 à 108).

Vous êtes allé avec vos camarades plusieurs fois par mois dans le jardin de l'école ; vous avez pris part, sous la direction de votre instituteur, aux différents travaux du jardinage.

Dans une lettre à un camarade, vous faites la description de ce jardin (ou du vôtre si l'école n'en a pas), vous racontez ce que vous y avez vu et ce que vous y avez fait; vous terminez en indiquant les agréments et les avantages du jardinage.

DEUXIÈME PARTIE

XVIII. — **Utilité des légumes** (pages 109 à 120).

Exposez sommairement ce que vous savez sur la culture des principaux légumes que vous avez vus dans votre jardin ou dans celui de l'école, et sur les services que rend un jardin.

XIX. — **Les victimes de l'ignorance** (*les animaux utiles*) (pages 120 à 123).

A la suite de la leçon que votre maître vous a faite sur les animaux nuisibles et les animaux utiles, vous écrivez à votre cousin (qui s'est vanté devant vous d'avoir tué beaucoup de crapauds, de hérissons, et d'avoir pris un grand nombre d'oiseaux), pour lui faire connaître les dégâts considérables que causent à l'agriculture certains animaux que vous citerez (chenilles, hannetons, courtilières, limaçons, limaces, etc.). Vous montrerez l'insuffisance des moyens employés pour les combattre, et vous ferez ressortir l'utilité des animaux qu'il détruit et qui sont de véritables victimes de l'ignorance.

TROISIÈME PARTIE

XX. — **Agrément des fleurs** (pages 124 à 128).

Depuis que vous apprenez l'horticulture, vous vous occupez beaucoup des fleurs. L'un de vos camarades, qui est venu vous voir la semaine dernière, ne vous a pas caché qu'il est loin de partager vos goûts.

Vous lui écrivez pour lui faire connaître ce qui vous a déterminé à vous livrer à la culture des fleurs, dont vous lui expliquez les agréments; vous lui indiquez quelles sont les principales fleurs et comment on les cultive.

ARBORICULTURE

XXI. — **Utilité des arbres fruitiers** (pages 129 à 144).

Vous avez entendu dire à votre père que la culture des arbres fruitiers est bien différente de ce qu'elle était autrefois, et que la propagation par la greffe des bonnes espèces d'arbres fruitiers a considérablement augmenté la richesse de la commune.

Vous écrivez cela à votre cousin, et, pour l'engager à étudier l'arboriculture, vous lui dites ce que vous savez sur les arbres fruitiers : plantation, greffe, taille, principaux arbres fruitiers, etc.

Si vous habitez un pays vignoble, vous terminerez votre lettre par quelques mots sur la culture de la vigne, les maladies auxquelles ell. est exposée et comment on les combat, la fabrication du vin, etc.

XXII. — **Mes fleurs** (pages 103 et 104, 107 et 108, 124 à 127).

Si votre père mettait à votre disposition un carré de terrain pour y cultiver des fleurs, comment disposeriez-vous ce terrain? Quelles fleurs y cultiveriez-vous, soit pour l'agrément, soit pour l'utilité, et de quelle façon reproduiriez-vous ces fleurs? (*Certificat d'études primaires. Nièvre*, 1892.)

TABLE DES MATIÈRES

AGRICULTURE

Préface. 5
Méthode a suivre. 12

PREMIÈRE PARTIE

LE SOL

Principales espèces de sols. — Engrais. — Drainage.

Préliminaires. But de l'agriculture. — Nécessité de l'instruction en agriculture. — Erreur des cultivateurs. — L'agriculture est une industrie. 15

Vie des plantes. — Les plantes sont des êtres vivants. — Germination. — Nutrition des végétaux. — Principes nutritifs. — Préférences des plantes. — Nature et rôle de la sève. — Respiration des végétaux. — Asphyxie. 16

Principales espèces de sols. — Ce qu'on appelle sol ou terre végétale. — Le sous-sol. — Composition du sol : argile, silice, chaux. — Les meilleures terres. — Principales espèces de sols. — Terres argileuses. — Terres sableuses. — Terres calcaires. — Terres humifères. 19

AMÉLIORATION DES TERRES

Amendements. — Ce que c'est qu'amender le sol. — Principaux amendements : chaux, marne, plâtre, cendre. — Comment on fait pour chauler un champ. — Marnage : précaution importante. — Ce que c'est que le plâtre. — Utilité des cendres. . . 22

Engrais. — Principaux engrais : fumier, guano, noir animal, phosphates, excréments humains. — Engrais végétaux. — Soins qu'exige le fumier. — Fosse à purin. — Utilité du purin. — Expérience. — Influence du plâtre et de la couperose sur le fumier. — Ce que c'est que le guano, le noir animal, les phosphates. — Utilité de l'urine. 24

Emploi des engrais. — Valeur d'un engrais : son analyse. — La chimie agricole : son utilité. — Champs d'essai ou de démonstration. — Analyse facile d'une terre ou d'une marne. — Fraude des engrais. — Moyens de l'éviter : bureau de vérification ;

152 **TABLE DES MATIÈRES.**

garantie à exiger du marchand d'engrais. — Syndicats d'agriculteurs.   27

Assainissement : Drainage. — Assainissement des terrains
humides par le drainage. — Inconvénients des sols humides. —
Comment on reconnaît qu'une terre a besoin d'être drainée. —
Opérations du drainage. — Avantages du drainage. — Autres
moyens d'assainir le sol.   30

Défrichement. — Comment se fait le défrichement. —
Défrichement des terrains boisés.   32

Irrigations. — Epoques auxquelles ont lieu les irrigations. —
Qualité des eaux. — Utilité de l'irrigation pour les prairies. —
Comment se fait l'irrigation.   33

DEUXIÈME PARTIE

CULTURE DU SOL

Instruments aratoires. — Semailles. — Récoltes.

Labour. Charrue. — Ce que c'est que le labour. Son but. —
Importance de l'air et de l'eau. — Avantages d'un bon labour. —
Instruments de labour : bêche, houe, hoyau, charrue. — Conditions que doit remplir une bonne charrue. — Description de la
charrue. Régulateur. Avant-train. — Défoncement.   36

Hersage. Herse. Roulage. Rouleau. — But du hersage. —
Ce que c'est que la herse. — Herse Valcourt. Herse anglaise
articulée. — En quoi consiste le roulage.   41

*Buttage. Sarclage. Binage. Houe à cheval. Extirpateur.
Scarificateur.* — Ce que c'est que le buttage, le sarclage, le
binage. — Binage avec la houe à cheval. Binage à la main. —
Utilité de l'extirpateur. Scarificateur.   43

Semailles. Choix des semences. — En quoi consistent les
semailles. Choix de la semence. — Circulaire ministérielle. —
Importance du choix des semences. — Chaulage des semences.
— Epoque des semailles. — Différentes manières de semer. —
Quantité de semence à employer.   45

RÉCOLTES

Fenaison. Faucheuse. Faneuse. Râteau à cheval. — Ce que
c'est que la fenaison. — Le fauchage. — Faucheuse mécanique.
— Le fanage. — Faneuse mécanique. — Râteau à cheval. —
Conservation du foin. — Récolte des prairies artificielles. . . .   49

Moisson. Moissonneuse. Machine à battre. Tarare. — Ce
que c'est que la moisson. — Instruments employés : faucille,
faux, sape, moissonneuse. — Battage : machine à battre. —
Nettoyage : tarare. — Conservation de la récolte.   52

TROISIÈME PARTIE

LES VÉGÉTAUX AGRICOLES

I. CÉRÉALES

Blé. Seigle. Méteil. Orge. — Division des végétaux agricoles.
— Principales plantes alimentaires. — Céréales. — Froment. —
Terre qui convient le mieux au blé. — Hersage et roulage des
blés. — Produit de l'hectare. — Seigle. — Méteil. — Orge. . .   55
Avoine. Maïs. Sarrasin. Millet. Sorgho. — Usage de
l'avoine. — Ce que c'est que le maïs. — Utilité du sarrasin. —
Culture du millet. — Sorgho.   57

II. GRAINES LÉGUMINEUSES

Principales graines légumineuses. — Haricots. — Pois. —
Fèves. — Lentilles.   60

III. POMME DE TERRE

Ce que c'est que la pomme de terre. — Parmentier, un bienfaiteur de l'humanité, propage ce précieux tubercule.   62

IV. PLANTES FOURRAGÈRES. PRAIRIES

Ce qu'on entend par plantes fourragères. — Deux sortes de
prairies : naturelles et artificielles   63
Principales plantes artificielles. — Luzerne. — Trèfle : effet
du plâtre. Franklin. — Trèfle incarnat. — Sainfoin.   64
Racines fourragères. — Navet. — Betterave. — Carotte. —
Topinambour.   66

V. PLANTES INDUSTRIELLES

Plantes textiles. — Ce qu'on appelle plantes industrielles. —
Ce qu'on nomme plantes textiles. — Lin. — Chanvre.   68
Plantes oléagineuses. — Colza. — Navette. — Pavot-œillette.   70
Plantes tinctoriales. — Garance. — Gaude. — Pastel. . .   72
Tabac. Houblon. — Ce que c'est que le tabac. Sa culture. —
Houblon.   73

ASSOLEMENT

Ce qu'on entend par assolement. — Pourquoi la même terre
ne peut pas produire toujours la même récolte. — Plantes
épuisantes, salissantes. — Plantes améliorantes, nettoyantes. —
Ce qu'on doit rechercher dans un assolement. — Principes généraux de l'assolement. — Jachère. — Assolement alterne quadriennal. — Tableau d'assolement. — Influence du bail sur le
choix de l'assolement. — L'assolement ne dispense pas de fumer
les terres.   75

QUATRIÈME PARTIE

LES ANIMAUX DOMESTIQUES

Ce qu'on entend par animaux domestiques. — Soins qu'on doit leur donner. — Avantages des bons traitements. Inconvénients des mauvais. — Loi Grammont. — Choix des races. — Différentes espèces de bestiaux. 79

Espèce bovine. — Ce que fournit l'espèce bovine. — Choix des races. — Ration des bestiaux. 81

Espèce chevaline. — Le cheval. — Entretien et nourriture des chevaux. — L'âne. — Le mulet. 82

Espèces ovine, porcine et caprine. — Utilité de l'espèce ovine. — Soins qu'exigent les moutons. — Ce que c'est que le porc. — Utilité de la chèvre. 83

Volaille. — La poule. Meilleures races. — Le dindon. — L'oie. — Le canard. 85

Abeilles. — Leur utilité. — Composition d'une ruche. — Travaux des abeilles. — Essaim. — Récolte du miel et de la cire. 87

Vers à soie. — Magnanerie. — Eclosion des œufs de vers à soie. — Nourriture. — Cocons. — Chrysalides. — Papillons. . 90

CINQUIÈME PARTIE

ÉCONOMIE RURALE ET COMPTABILITÉ AGRICOLE

Ce que c'est que l'économie rurale. — Conditions que doit remplir un bon cultivateur. Ses connaissances professionnelles. — Travail. — Capitaux. — Systèmes d'exploitation : Fermage. Métayage. 93

Comptabilité agricole. — But de la comptabilité agricole. Son utilité. — Sa simplicité. — Inventaire. — Nécessité du livre de caisse et du livre de magasin. — Livre tenu par la femme du cultivateur. — Enseignement de l'économie domestique dans les écoles de filles. 95

HORTICULTURE

PREMIÈRE PARTIE

LE JARDIN

Multiplication des végétaux.

Ce que c'est qu'un jardin. — L'horticulture. — Choix d'un jardin. Ses avantages. — Division du jardin. — Labour. — Alternance des cultures. 105

Entretien du jardin. — Arrosage. — A quel moment de la journée il convient d'arroser. — Précaution à prendre pour les

légumes qui pomment. — Sarclage. Binage. — Instruments de
jardinage   105
Multiplication des végétaux. — Comment on multiplie les
végétaux. — Semis. Bouture. Marcottage. Provignage. Greffe. —
Choix et conservation des graines.   107

DEUXIÈME PARTIE
LES LÉGUMES

Différentes sortes de légumes. — Légumes dont on mange :
les tiges ou les feuilles, les racines, les fleurs, les fruits, les
graines. — Récolte des légumes. Leur conservation.   109
Plantes d'assaisonnement. — Culture de l'ail et de l'échalote.
— L'oignon. — Le persil.   110
Légumes cultivés pour leurs tiges ou leurs feuilles. — Culture de l'asperge, du poireau, des choux, des épinards, de
l'oseille, du céleri, de la laitue, de la chicorée, de la mâche. . .   111
Légumes dont on mange les racines. — Le navet. — La
carotte. — La betterave. — Les radis. — Le salsifis et la scor-
sonère. — La pomme de terre. — Le stachys du Japon.   114
Légumes cultivés pour leurs fleurs. — Comment on cultive les
choux-fleurs et les artichauts.   116
Légumes dont on mange les fruits. — Culture des melons.
Soins qu'ils exigent. — La citrouille. — La tomate. — Le
fraisier.   117
Légumes cultivés pour leurs graines. — Culture de la fève,
des petits pois, des haricots.   119

ANIMAUX NUISIBLES. ANIMAUX UTILES

Principaux animaux nuisibles. — Comment on détruit les
chenilles. — Dégâts causés par les vers blancs et les hannetons.
Moyen de les détruire. Utilité des oiseaux. — La courtilière. —
Les pucerons. — Les fourmis. — Les limaçons et les limaces.
— Utilité des hérissons, des crapauds, des lézards, des chauves-
souris, etc.   120

TROISIÈME PARTIE
LES FLEURS

Culture des fleurs. — Parterre. — Division des plantes d'orne-
ment.   124
Fleurs annuelles. — La balsamine. — La giroflée. — La
pensée. — Le pétunia. — Le réséda. — Le pois de senteur. —
Le volubilis.   125
Plantes vivaces. — Le balisier. — Le chrysanthème. — Le
géranium. — La primevère. — La violette. — L'anémone. — Le
dahlia. — La jacinthe.   126
Arbustes et arbrisseaux d'ornement. — Le chèvrefeuille. —
L'œillet. — Le rosier. — Le lilas. — Le seringa. — La ver-
veine.   127

ARBORICULTURE

PREMIÈRE PARTIE

LES ARBRES FRUITIERS

Greffe. — Taille.

Ce que c'est que l'arboriculture. — Comment on multiplie les arbres fruitiers. — Semis. Pépinière. — Multiplication par rejetons ou sauvageons. — Transplantation des arbres. 129

Greffe. — Ce que c'est que la greffe. — Conditions pour que cette opération réussisse. — Différentes sortes de greffes. — Greffe en approche. — Greffe en fente. — Greffe en couronne. — Greffe en écusson. 1:

Taille. — Ce que c'est que la taille. — Instruments dont on se sert. — Principes généraux de la taille. — Comment on fait pour qu'un rameau devienne une branche à bois ou une branche à fruits. — Moyen d'équilibrer un arbre par la direction des branches. — Différentes formes des arbres. — Palmette. Pyramide. Cordon horizontal. 1:

DEUXIÈME PARTIE

PRINCIPAUX ARBRES FRUITIERS

Pommier. Poirier. — Culture du pommier, du poirier. — Récolte et conservation des pommes et des poires. 136

Pêcher. Abricotier. Prunier. Cerisier. — Comment on cultive le pêcher, l'abricotier, le prunier, le cerisier. . . . . . . 13!

Cognassier. Figuier. Amandier. Framboisier. Groseillier. — Culture du cognassier, du figuier, de l'amandier, du framboisier, du groseillier. . . . . 13!

Vigne. — Avantage de la vigne. — Principaux cépages. — Comment on reproduit la vigne. Bouture. Marcottage ou provignage. — Plantation de la vigne. — Taille. — Façons. — Vendange. — Le phylloxera. — L'oïdium. — Le mildew. . . . 140

EXERCICES DE RÉDACTION PRÉPARATOIRES A L'EXAMEN DU CERTIFICAT D'ÉTUDES PRIMAIRES. 145

9 782013 670333